Sami Missaoui
Romdhane Ben Slama
Zied Driss

RECUPERAÇÃO DO CALOR RESIDUAL DAS MÁQUINAS DE REFRIGERAÇÃO

Sami Missaoui
Romdhane Ben Slama
Zied Driss

RECUPERAÇÃO DO CALOR RESIDUAL DAS MÁQUINAS DE REFRIGERAÇÃO

AQUECIMENTO E DESSALINIZAÇÃO DE ÁGUA

ScienciaScripts

Imprint

Any brand names and product names mentioned in this book are subject to trademark, brand or patent protection and are trademarks or registered trademarks of their respective holders. The use of brand names, product names, common names, trade names, product descriptions etc. even without a particular marking in this work is in no way to be construed to mean that such names may be regarded as unrestricted in respect of trademark and brand protection legislation and could thus be used by anyone.

Cover image: www.ingimage.com

This book is a translation from the original published under ISBN 978-3-8416-3300-2.

Publisher:
Sciencia Scripts
is a trademark of
Dodo Books Indian Ocean Ltd. and OmniScriptum S.R.L publishing group

120 High Road, East Finchley, London, N2 9ED, United Kingdom
Str. Armeneasca 28/1, office 1, Chisinau MD-2012, Republic of Moldova, Europe
Managing Directors: Ieva Konstantinova, Victoria Ursu
info@omniscriptum.com

Printed at: see last page
ISBN: 978-620-3-49195-1

Conteúdo

Introdução geral

As máquinas de refrigeração, tais como frigoríficos, congeladores e aparelhos de ar condicionado, fazem agora parte do nosso quotidiano. Através das suas várias aplicações, asseguram uma melhor qualidade de vida. Podem ser utilizadas para congelar e conservar produtos alimentares, ou para refrigerar locais supermercados, apartamentos, lojas, cinemas e complexos desportivos. Estas máquinas de refrigeração têm ciclos que extraem o calor do meio a refrigerar a uma temperatura baixa, libertando-o para o ambiente exterior a uma temperatura mais elevada. Este ciclo de refrigeração por compressão de vapor é um sucesso retumbante graças à sua fiabilidade. Este equipamento de refrigeração foi concebido para produzir frio em todos os locais que necessitem de refrigeração e/ou congelação. O arrefecimento é assegurado por um permutador de calor denominado evaporador, enquanto do outro lado se encontra um outro permutador de calor denominado condensador, que fornece uma grande quantidade de energia térmica à fonte quente a uma temperatura mais elevada. Este calor residual do condensador perde-se para a atmosfera sem ser utilizado. Assim, estas máquinas de refrigeração produzem dois tipos diferentes de energia térmica, dos quais apenas um é utilizado e o outro, produzido pelo condensador, é libertado para a atmosfera, o que, por sua vez, contribui para a degradação do ambiente. A utilização desta fonte de energia livre perdida no ambiente é capaz de satisfazer as necessidades de aquecimento e dessalinização a todas as temperaturas, mantendo um bom desempenho termodinâmico. Por esta razão, porque não aproveitar o calor residual fornecido pelo condensador para aquecer a água quente sanitária ou para a dessalinização?

Os processos de aquecimento de água quente sanitária e de dessalinização da água do mar requerem um elevado consumo de energia e têm, por conseguinte, um impacto importante no ambiente. A vantagem da utilização do calor residual reside no facto de influenciar tanto os factores económicos (evolução dos custos da energia) como os factores ambientais (redução das emissões de gases com efeito de estufa). A melhoria da eficiência energética permite reduzir o fator energia no mercado e, por conseguinte, reduzir o impacto ambiental. Este último é consideravelmente reduzido pela redução das emissões de CO_2, que podem representar uma percentagem significativa das emissões das caldeiras.

Atualmente, na indústria, a aplicação deste tipo de recuperação de calor residual é reduzida, mas dado o aumento progressivo dos custos energéticos e dos problemas ambientais, este número só pode crescer.

O objetivo deste trabalho estudar o calor libertado pelos condensadores das máquinas de refrigeração para aquecimento e dessalinização de água, a fim de otimizar as condições de funcionamento destas máquinas.

Isto é feito através de um estudo teórico e experimental baseado nos fenómenos de troca de calor entre o refrigerante no interior do tubo e a água no exterior, que regem o aquecimento e a dessalinização deste fluido.

O presente relatório divide-se em quatro capítulos.

O primeiro capítulo apresenta uma descrição geral das máquinas de refrigeração por compressão e das bombas de calor, bem como das técnicas de água quente sanitária e mesmo de dessalinização desta substância utilizando o calor residual do condensador.

Um estudo experimental de um frigorífico doméstico acoplado a um aquecedor de água e a um ar condicionado que destila água salobra será o tema do segundo capítulo. Em seguida, é apresentada uma descrição pormenorizada dos protótipos, das suas caraterísticas e parâmetros geométricos.

O terceiro capítulo será dedicado à modelação do funcionamento e do acoplamento do frigorífico doméstico ao aquecedor de água.

O quarto e último capítulo trata dos resultados obtidos e da sua discussão.

Por último, o relatório conclui com uma perspetiva do estudo.

CAPÍTULO 1

Estudo bibliográfico

1 Introdução

Este capítulo começa com algumas noções gerais sobre máquinas de refrigeração por compressão e bombas de calor, e alguns elementos básicos sobre o princípio da termodinâmica. Descrevemos depois a tecnologia de aquecimento de água para uso doméstico, apresentando os diferentes métodos de aquecimento utilizados pelos investigadores neste domínio e os seus resultados. De seguida, apresentamos algumas informações sobre as várias tecnologias de dessalinização da água do mar, nomeadamente a dessalinização por membranas e a dessalinização por destilação por mudança de fase.

2 Informações gerais sobre máquinas de refrigeração

As máquinas de refrigeração, como os frigoríficos, os congeladores e os aparelhos de ar condicionado, têm dois permutadores de calor: o evaporador, para criar frio através da evaporação do freon, e o condensador, para transferir calor para o ambiente exterior através da condensação do freon. Estas máquinas de refrigeração produzem calor e frio em simultâneo. O principal objetivo da máquina de refrigeração é produzir frio para as necessidades domésticas, comerciais e industriais, o que requer a utilização de um dispositivo capaz de extrair calor do meio a refrigerar e transferi-lo para um meio externo.

2.1 Princípio de funcionamento

Uma instalação de refrigeração transfere energia térmica de um meio de baixa temperatura a ser arrefecido para um meio externo a uma temperatura mais elevada. O Freon é normalmente utilizado para esta transferência. Este refrigerante circula no sistema de refrigeração. A máquina de refrigeração por compressão de vapor é constituída por quatro componentes principais: o compressor, o condensador, a válvula de expansão e o evaporador, como mostra a Figura 1.1.

O freon segue um ciclo fechado de quatro fases através do circuito constituído pelos componentes principais:

- Compressão do freon (estado gasoso).
- Condensação do freon (do estado gasoso ao estado líquido).
- Expansão do freon.
- Vaporização do fluido líquido (produção a frio).

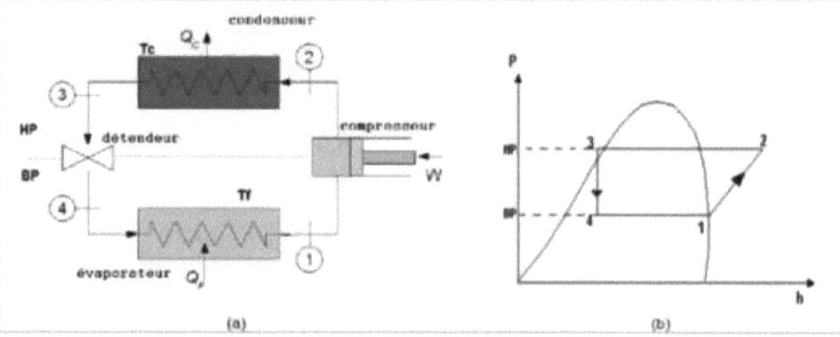

Figura 1. 1 (a) Diagrama esquemático da máquina de refrigeração, (b) Ciclo ideal da máquina [1].

2.2 Componentes de uma máquina de refrigeração

2.2.1 Compressores

O compressor fornece o freon (fluido frigorigéneo) sobreaquecido a alta temperatura e alta pressão a um permutador de calor chamado condensador, que está localizado num ambiente externo a uma temperatura inferior à do freon.

2.2.2 Condensador

O condensador é um permutador de calor que recebe o fluido frigorigéneo comprimido pelo compressor a alta pressão e alta temperatura. O freon quente do compressor fornece o seu calor ao ambiente exterior. A energia térmica é assim transferida do freon para o ambiente exterior. O refrigerante arrefece, resultando em condensação. Na saída do permutador (condensador), o resultado é o freon num estado líquido arrefecido a alta pressão.

2.2.3 Redutor de pressão

O freon no seu estado líquido, arrefecido a alta pressão, é então introduzido na válvula de expansão, que se expande adiabaticamente e sem que seja fornecido ou consumido qualquer trabalho. A entalpia à entrada e à saída da válvula de expansão é, portanto, a mesma. À saída, o freon é uma mistura de líquido e vapor a baixa temperatura e baixa pressão. Esta mistura alimenta então o evaporador.

2.2.4 Evaporador

O evaporador é colocado no meio a ser arrefecido. No interior do evaporador, o refrigerante é uma mistura de líquido e vapor a baixa pressão e baixa temperatura. O meio a arrefecer emite calor a uma temperatura superior à do freon, pelo que a energia térmica é transferida do meio a arrefecer para o freon. O refrigerante aquece, provocando a sua evaporação. O resultado, à saída do evaporador, é o freon num estado de vapor sobreaquecido a baixa pressão.

2.3 Domínio de aplicação

As máquinas de refrigeração são utilizadas em vários domínios. Ao produzir frio, satisfazem as necessidades utilizadores em diferentes locais. Podem ser utilizadas para congelar e conservar produtos alimentares. Os equipamentos de refrigeração dão um contributo essencial para o desenvolvimento socioeconómico. Têm desempenhado um papel vital na alimentação da população, preservando os géneros alimentícios durante o transporte, a distribuição e a apresentação para venda. Foram também utilizados no sector da saúde para conservar as vacinas e arrefecer as salas de operações, sem esquecer a sua utilização em habitações, como apartamentos, hotéis e casas, para refrigeração, congelação e climatização. Estas máquinas de refrigeração podem também ser encontradas noutras áreas, como a refrigeração de locais de trabalho em zonas geograficamente quentes e húmidas, e em grandes superfícies comerciais e cinemas. A refrigeração é também necessária na indústria eletrónica, por exemplo, na criação de microprocessadores e no tratamento do ar em salas de computadores.

2.4 Elementos básicos da termodinâmica

2.4.1 Diagrama de Mollier

O diagrama de entalpia mostrado na Figura 1.2 pode ser utilizado para traçar o ciclo de uma máquina de refrigeração e para determinar as quantidades físicas de um refrigerante numa instalação de refrigeração, ou seja, pressão, temperatura, entalpia, entropia e volume de massa. Este diagrama também pode ser utilizado para calcular a produção de calor dos dois permutadores de calor, o trabalho efectuado pelo compressor e o estado do fluido em diferentes pontos.

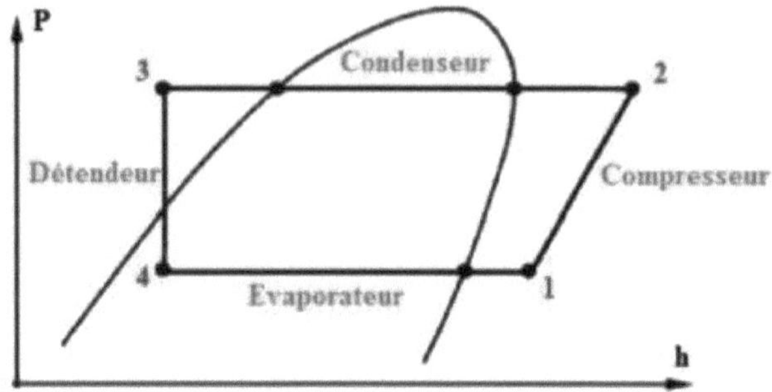

Figura 1. 2. Diagrama de entalpia do ciclo de refrigeração [2].

2.4.2 Conservação de energia para a máquina de refrigeração

A conservação da energia total num sistema fechado é o primeiro princípio da termodinâmica, formulado por Julius Robert Von Mayer em 1842 e verificado por trabalho experimental em 1843 por James Prescott Joule. Este princípio escreve-se como :

$$\Delta E = \Sigma Q + W \qquad (1\text{-}1)$$

Onde E é a energia total trocada pelo sistema, ΣQ é a soma das quantidades de calor dos dois permutadores e W é o trabalho mecânico do compressor. Estas energias são definidas como formas equivalentes de energia, como se mostra na Figura 1.3.

Este diagrama ilustra o princípio da máquina de refrigeração. Utilizando o trabalho mecânico W do compressor, o ciclo de refrigeração transfere calor de uma fonte fria Qf a uma temperatura Tf para uma fonte quente Qc a uma temperatura mais elevada Tc.

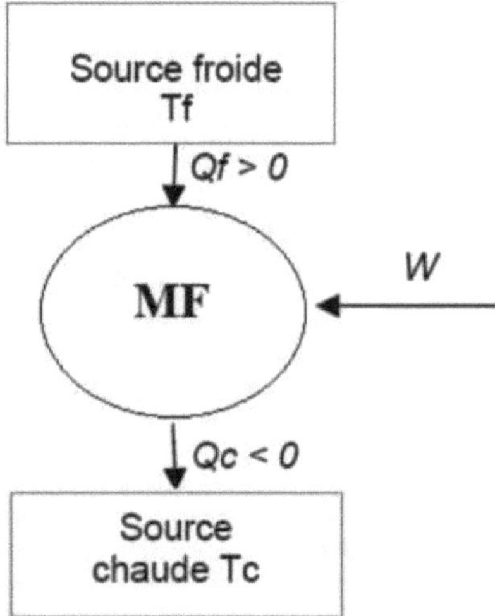

Figura 1. 3: Princípio da máquina de refrigeração

2.4.3 Capacidade de arrefecimento do condensador

A capacidade de aquecimento fornecida pelo condensador pode ser identificada de acordo equação (1-2) do ponto de vista do refrigerante. A partir das coordenadas dos pontos no diagrama de entalpia do ponto de vista do fluido de fonte quente, podemos escrever :

$$\dot{Q}_{c-r} = \dot{m}_r \cdot (h_3 - h_2) \tag{1-2}$$

Onde $\dot{m}_{ir}$ é o caudal de freon e h_2 e h_3 são as entalpias à entrada e à saída do condensador, respetivamente.

Ou

$$\dot{Q}_{c-sc} = \dot{m}_{sc} \cdot Cp_{sc} \cdot \Delta T_{sc} \tag{1-3}$$

Em que $Q_{s\text{-}cs}$ é o caudal do fluido de arrefecimento, Cp_{sc} é o calor específico de se e $\Delta T'^{\wedge}$. é a diferença de temperatura entre a entrada e a saída.

2.4.4 Capacidade de arrefecimento do evaporador

Da mesma forma que para o condensador, a capacidade de arrefecimento do evaporador pode ser identificada utilizando a seguinte fórmula:

$$\dot{Q}_{f-r} = \dot{m}_r \cdot (h_1 - h_4) \tag{1-4}$$

Em que $\dot{m}_{ir}$ é o caudal de freon e $h1$ e h_4 são as entalpias de entrada e de saída no evaporador, respetivamente.

Para o fluido de origem, a fórmula pode ser escrita da seguinte forma:

$$\dot{Q}_{f-sf} = \dot{m}_{sf} \cdot Cp_{sf} \cdot \Delta T_{sf} \tag{1-5}$$

$\dot{m}_{sf} \; Cp_{sf} \; \Delta T_{sf}$ Onde é o caudal do fluido de arrefecimento, a sua capacidade térmica e é a diferença de temperatura entre a entrada e a saída.

2.4.5 Cálculo da potência eléctrica absorvida pelo compressor

De acordo com o princípio da termodinâmica, a potência absorvida pela compressão é definida pelo produto do caudal *mássico* de freon m_r e a diferença de entalpia entre a entrada e a saída do compressor:

$$\dot{W} = \dot{m}_r \cdot (h_2 - h_1) \tag{1-6}$$

O caudal mássico de Freon é calculado através da seguinte fórmula:

$$\dot{m}_r = \rho_r \cdot \eta_{vol} \cdot V_b \tag{1-7}$$

Em que p_r é a densidade do freon, η_{vol} é a eficiência volumétrica do compressor e V_b é o volume varrido. A potência eléctrica absorvida pelo compressor é determinada pela seguinte fórmula :

$$P_{\acute{e}lec} = \frac{\dot{W}}{\eta_{\acute{e}l} \; \eta_m} \tag{1-8}$$

Em que W é a potência do compressor, n_{el} é a eficiência eléctrica e n_m é a eficiência mecânica do compressor.

2.4.6 Avaliação do desempenho

Vários coeficientes podem ser utilizados para avaliar o desempenho energético de uma máquina de refrigeração por compressão. Em geral, o desempenho de um sistema é definido pela relação entre a potência útil Pu produzida pela máquina sob a forma de calor pelo refrigerante e a potência absorvida Pa pela compressão sob a forma de trabalho mecânico ou elétrico, como indicado pela seguinte fórmula:

$$COP = \frac{Pu}{Pa} \tag{1-9}$$

No que se refere ao evaporador da máquina de refrigeração, o coeficiente de desempenho é escrito da seguinte forma

$$COP_{froid} = \frac{\dot{Q}_f}{P_{\acute{e}l.a}}$$ (1-10)

Referindo-nos apenas ao condensador de uma bomba de calor, podemos escrever :

$$COP = \frac{\dot{Q}_c}{P_{\acute{e}l.\,a}}$$ (1-11)

Referindo-nos tanto ao evaporador como ao condensador, podemos escrever :

$$COP = \frac{\dot{Q}_c + \dot{Q}_f}{P_{\acute{e}l.\,a}}$$ (1-12)

2.4.7 Transferência de calor

Na fronteira entre dois sistemas com dois níveis de temperatura diferentes, o calor é trocado sem que seja efectuado qualquer trabalho. O tamanho do fluxo é proporcional à superfície de troca de calor e à diferença de temperatura. Podem distinguir-se os seguintes fenómenos de troca:

- Transferência de calor sem mudança de estado (por exemplo, gás/gás, líquido/líquido).
- Transferência de calor com uma mudança de estado de pelo menos um dos dois fluxos (por exemplo
evaporação, condensação).
- Transferência combinada de calor e matéria por convecção e evaporação (por exemplo, arrefecimento por vaporização de água/ar).

Para determinar a transferência de calor, o fluxo de calor Q pode ser calculado através da seguinte fórmula:

$$\dot{Q} = K \cdot A \cdot \Delta T_{me}$$ (1-13)

Com :

$$\Delta T_{me} = \frac{\Delta T_e - \Delta T_s}{\ln(\Delta T_e / \Delta T_s)}$$ (1-14)

K: Coeficiente de transmissão de calor $W/m^2\,K$.

A: Superfície de transmissão de calor m^2.

AT_{me} : Diferença logarítmica média de temperatura K.

A diferença média logarítmica de temperatura é também designada por comprimento térmico e é calculada a partir da diferença média efectiva de temperatura no permutador: ATe: Diferença na temperatura de entrada K.

ATs : Diferença de temperatura à saída K.

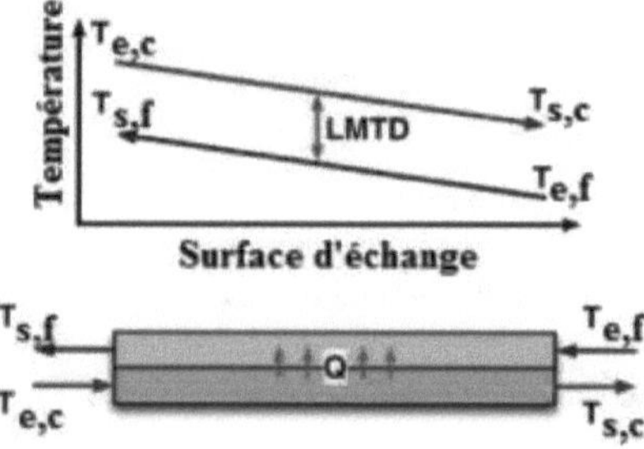

Figura 1. 4: Variação da temperatura do fluido com escoamento em contracorrente [3].

O coeficiente de transferência de calor não é uma dimensão caraterística do material, mas é derivado de muitos factores, tais como o estado do fluido (vapor, gás, líquido), as propriedades do fluido (densidade, valor calorífico específico, viscosidade, capacidade de transmissão), as caraterísticas termodinâmicas (pressão, temperatura), a velocidade do fluido e as dimensões e geometria do permutador de calor.

É impossível estabelecer uma fórmula geral para o cálculo do coeficiente de transmissão de calor, dadas todas as interdependências envolvidas. Na prática, este coeficiente é definido para cada caso com base na experiência ou em valores de ensaio. O quadro 1.1 apresenta valores indicativos para diversas aplicações técnicas.

Tabela 1.1: Valores indicativos dos coeficientes de transferência de calor [3].

Tipo	Fluxo de calor (W/m²)
Água/água	200 à1000
Permutador tubular Permutador de camisa dupla	350à1400
Vapor/água	
Permutador de tubos (vapor no tubo) Evaporador	350à1200
(vapor à volta do tubo)	600à1500
Água/gás	15 à 70
Permutador tubular Caldeira de pós-aquecimento	15 à 45
(gás no tubo)	
Gás/gás	6 à 35
Permutador tubular Permutador de camisa dupla	2 à 35

2.4.8 Calor residual a alta temperatura e necessidades de calor

As máquinas de refrigeração por compressão produzem calor e frio simultaneamente, utilizando dois permutadores de calor. O primeiro permutador, o condensador, está em contacto com a fonte quente, enquanto o segundo permutador, o evaporador, produz o frio. Estas máquinas têm um ciclo de refrigeração no qual um refrigerante circula sob pressão através de um compressor mecânico. No condensador, este refrigerante transfere a energia térmica para o ambiente exterior a uma temperatura muito elevada. Por outro lado, no lado do evaporador, o fluido recebe uma quantidade de energia térmica para produzir frio para uso doméstico ou comercial. Ao utilizar apenas um permutador de calor, o evaporador, para satisfazer as nossas necessidades quotidianas, o outro permutador de calor, o condensador, perde uma quantidade significativa de calor para a atmosfera. Estas quantidades de calor perdidas para a atmosfera são capazes de satisfazer as necessidades de aquecimento a temperaturas elevadas (70°C a 80°C), mantendo um bom desempenho termodinâmico. Por esta razão, porque não aproveitar este calor perdido para melhorar a técnica tradicional de aquecimento, que consome muita energia e produz emissões de gases nocivos para o ambiente.

3 Aquecimento da água

3.1 Produção de água quente sanitária

Com o crescimento da população, aumentou também a procura de energia, o que contribuiu para a poluição ambiental. Na região mediterrânica, a produção de água quente sanitária é um fator importante no consumo de energia residencial. A redução da procura de energia para aquecimento de água permite conservar energia e proteger o ambiente das emissões de gases. Cerca de 75% da população eletricidade para aquecer a água, 22% utiliza madeira, óleo ou gás para aquecer a água e 3% utiliza aquecedores solares de água [2]. Em Hong Kong, uma grande quantidade de água quente doméstica é consumida em apartamentos residenciais e comerciais. Com uma fonte de energia reduzida, o combustível fóssil é o principal meio utilizado para satisfazer a necessidade de água quente. Com a deterioração da energia e a poluição ambiental, os investigadores encontraram uma solução adequada para satisfazer as necessidades de aquecimento de água. Este método é o aquecimento solar da água, mas é insuficiente nalgumas regiões onde a energia solar é escassa. Por esta razão, propuseram outras técnicas de aquecimento, associando bombas de calor e aquecedores solares de água **[4]. Chen et al [5]** mostraram que a tecnologia de aquecimento de água é um fator importante no consumo de energia no sector residencial. Para tal, foram utilizadas diferentes fontes de energia, como o gás natural ou o aquecimento elétrico. Estas diferentes fontes de aquecimento têm uma influência direta ou indireta no consumo de energia proveniente de combustíveis fósseis. A tecnologia de bomba de calor utilizada para aquecer a água é um método viável para conservar energia e também fornece à água energia eficiente para a aquecer. A conservação da energia e a proteção do ambiente são dois termos que devem ser considerados. A utilização da energia solar, da energia geotérmica, do ar ou de outras energias renováveis são técnicas de aquecimento que têm ajudado a reduzir o problema do elevado consumo de energia. Por outro lado, a técnica de aquecimento por bomba de calor é uma forma eficaz de aquecer a água e reduzir a quantidade de energia consumida por outras técnicas de aquecimento **[6]**.

Comparando a quantidade de energia consumida pelo esquentador elétrico e a consumida pela bomba de calor para aquecer a água quente sanitária, verifica-se que percentagem de energia conservada se situa entre 40 e 60% **[7]**. No que respeita à tecnologia de aquecimento de água doméstica, foram desenvolvidos vários métodos para responder a esta procura.

3.2 Tecnologia de aquecimento do condensador para bombas de calor

Dai et al [8] efectuaram um estudo numérico sobre uma bomba de calor acoplada a uma unidade de produção de água quente, como se mostra na Figura 1.5. Os resultados mostram que o coeficiente de transferência de calor e o desempenho do sistema acoplado são melhorados com a modificação da geometria do condensador. Além disso, verificaram que o condensador helicoidal com diâmetro variável apresenta um melhor desempenho em comparação com o condensador helicoidal simples com diâmetro constante.

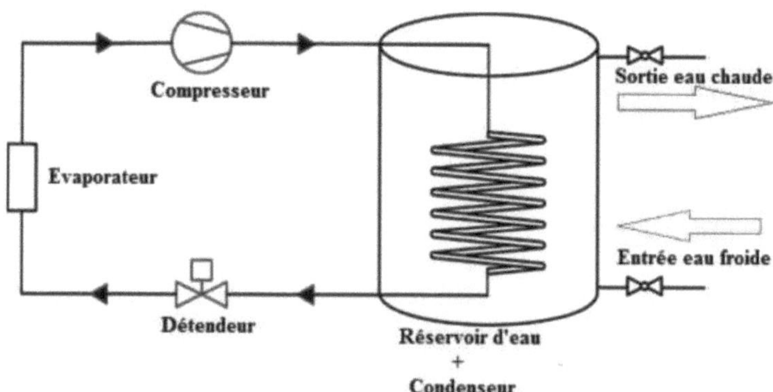

Figura 1. 5: Diagrama de uma bomba de calor acoplada a um aquecedor de água **[8]**.

Ye et al [9] apresentaram um estudo numérico para uma bomba de calor com condensador helicoidal enrolado na parede externa de um tanque de armazenamento de água quente, como mostrado na Figura 1.6. Eles descobriram que o condensador helicoidal de passo variável mostrou melhor desempenho do que o condensador helicoidal simples de passo constante.

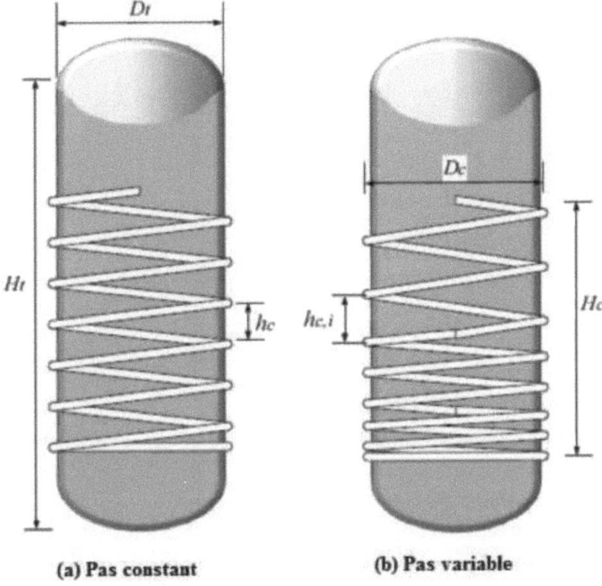

Figura 1. 6: Geometria do condensador enrolado na parede exterior do reservatório de água [9].

Genkinger et al [10] estudaram o acoplamento de uma bomba de calor com energia solar produzir água quente sanitária. Verificaram que a redução do consumo de energia para satisfazer as necessidades de água quente dos residentes é muito significativa. Assim, associaram uma bomba de calor a um sistema fotovoltaico para produzir eletricidade utilizando um painel solar para fazer funcionar a bomba de calor. O vapor sobreaquecido no condensador foi utilizado para aquecer a água quente sanitária. Mostraram que o aquecimento de água doméstica e a produção de energia a partir da energia solar (fotovoltaica) poderiam alterar o resultado da avaliação financeira num futuro próximo. A eletricidade produzida por sistemas fotovoltaicos de maior dimensão é já significativamente mais barata do que a produzida pelos sistemas de menor dimensão aplicados neste estudo. A técnica de aquecimento de água através deste sistema ajuda a reduzir a percentagem de energia perdida. Os resultados deste estudo baseiam-se numa avaliação dos aspectos económicos.

Mahdi et al [11] efectuaram um estudo experimental sobre o comportamento de fusão de um material de mudança de fase (PCM) numa unidade de armazenamento de energia com um condensador de forma helicoidal, como se mostra na Figura 1.7, para investigar o efeito da geometria do condensador no desempenho térmico de um sistema acoplado. Os resultados indicaram que a taxa de fusão no condensador em forma de cone é 22% melhor do que no condensador em forma de hélice.

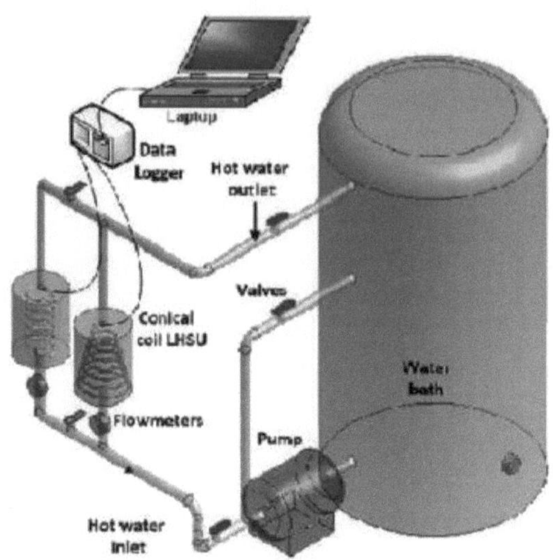

Figura 1.7: Bomba de calor acoplada a uma unidade de aquecimento de água [11].

Skrivan [12] utilizou o calor de condensação de refrigeradores de média capacidade para aquecer água quente sanitária, como mostra a Figura 1.8. Ele mostrou que as instalações de refrigeração oferecem condições de temperatura favoráveis para a recuperação de calor. Mostrou também que, numa exploração de produção de leite, a refrigeração é necessária para preservar o produto. A produção de água quente é também essencial para fins higiénicos e tecnológicos. Assim, no que diz respeito à tecnologia de aquecimento da água, o único método utilizado para satisfazer as necessidades diárias é a energia eléctrica. Face ao aumento do custo do consumo de energia eléctrica e ao seu impacto no ambiente, que constituem problemas energéticos, este investigador encontrou um método fiável que permite reduzir o consumo de energia eléctrica. Uma forma de conseguir poupanças consideráveis consiste em utilizar o calor de condensação das unidades de refrigeração para produzir água quente.

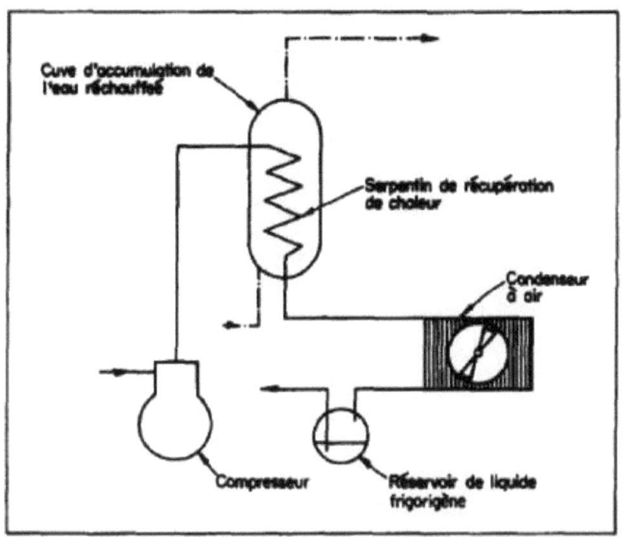

Figura 1. 8: Sistema de aquecimento de água utilizando o calor de condensação [12].

O estudo demonstrou que a utilização do calor residual do condensador da unidade de refrigeração representa uma clara poupança de energia. Uma parte do calor de compressão é perdida por radiação do compressor, o que reduz ligeiramente a quantidade de calor disponível para recuperação.

Para otimizar a poupança de energia, a temperatura de condensação e, consequentemente, a temperatura da água aquecida, deve ser ajustada de acordo com a temperatura exterior e as caraterísticas da válvula de expansão.

Carbonell et al [13] associaram uma bomba de calor a um painel solar para produzir calor num clima frio e preparar água quente sanitária para uso diário. No seu trabalho, compararam vários climas diferentes para verificar a sua influência na produção de energia para o painel solar, que por sua vez contribui para a produção de ar quente e para o aquecimento de água quente sanitária utilizando o condensador da bomba de calor.

Flora et al [14] estudaram uma bomba de calor utilizada para aquecimento de água doméstica com diferentes velocidades de compressão, como mostra a Figura 1.9.

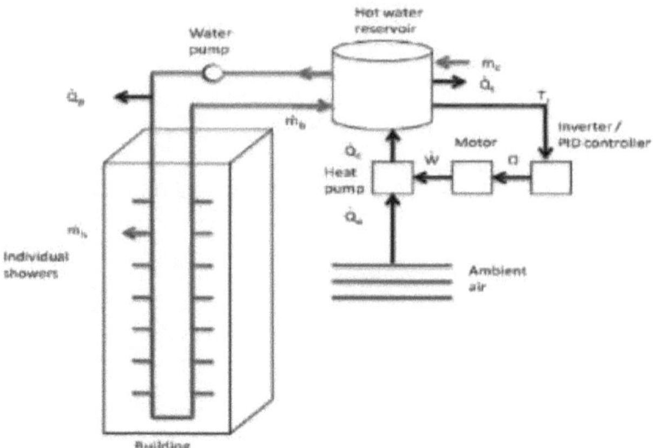

Figura 1. 9: Tecnologia de controlo da bomba de calor para distribuição de água quente

[14]

A água quente sanitária é utilizada em quantidades muito elevadas. Para satisfazer as necessidades vitais, a maioria dos métodos de aquecimento utilizados eléctricos. Trata-se de um método muito simples, com baixos custos de instalação. No entanto, é muito caro em termos energéticos. Este estudo foi realizado numa região do Brasil onde a maioria das empresas industriais consome cerca de 80% de energia eléctrica. Durante o dia, os chuveiros com aquecimento elétrico são responsáveis por um consumo elevado de manhã (das 5h às 9h) e sobretudo ao início da noite (das 18h às 21h). Perante estes problemas, estes investigadores encontraram uma solução eficaz para os resolver de uma vez por todas. Eles demonstraram que a vantagem deste método é que ele consome menos eletricidade do que o método tradicional,

O sistema de bomba de calor é um meio eficaz de reduzir o consumo de energia eléctrica, conduzindo a uma redução de cerca de 73% do consumo total de eletricidade.

Li et al [15] efectuaram um estudo sobre o desempenho de sistemas de bombas de calor assistidas por energia solar para a produção de água quente em Hong Kong, como mostra a Figura 1.10.

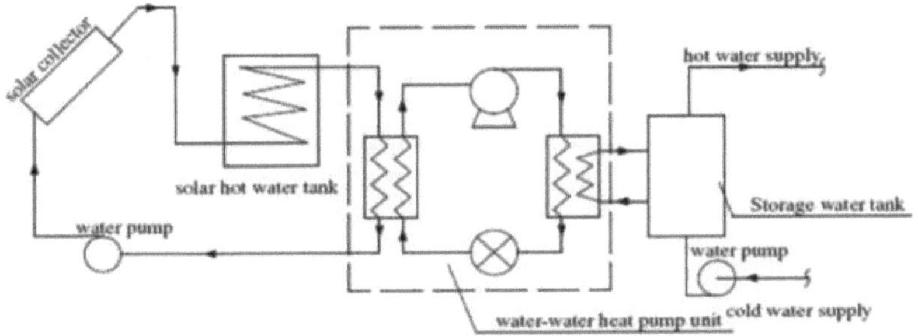

(a) Schéma de principe du système SA-WSHP

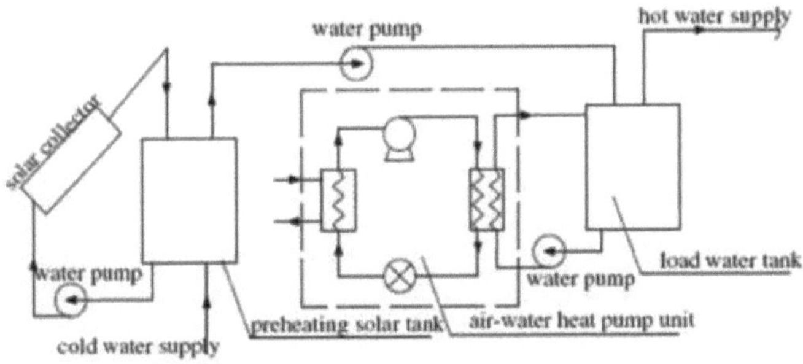

(b) Schéma de principe du système SA-ASHP

Figura 1. 10: Princípio de funcionamento do painel solar acoplado à bomba de calor

[15]

Em Hong Kong, é utilizada uma grande quantidade de água quente para fins residenciais e comerciais. A fonte de energia utilizada para produzir água quente sanitária é o combustível fóssil. Com a deterioração da energia e a poluição ambiental, os sistemas solares de aquecimento de água estão a ajudar a evitar estes problemas. Os sistemas solares de aquecimento de águas sanitárias são um sistema de aquecimento de água que tem vindo a ser desenvolvido por vários investigadores, que demonstraram que, em dias frios ou durante a noite (quando não há radiação solar), o circuito do painel solar não funciona para aquecer a água, pelo que a fonte de calor recuperada do condensador da bomba de calor começa a funcionar. O princípio de funcionamento deste sistema é o mesmo que o do termoacumulador solar convencional, mas o seu acoplamento com a bomba de calor leva à produção de energia auxiliar que contribui para o aquecimento água quente sanitária. Mostraram também que o caudal de água do depósito para o condensador tem um papel importante no desempenho do sistema, na temperatura final da água à saída e no tempo total de aquecimento. Quando a temperatura inicial da água no tanque de pré-aquecimento se situa entre 20 e 36°C, o caudal varia entre 4,7 m^3/h e 14,4 m^3/h. Estes resultados estão de acordo com **Mei et al [16]** que estudaram o fenómeno do aquecimento da água pelo condensador da bomba de calor utilizando a convecção natural.

Qin et al [17] efectuaram um estudo experimental sobre a técnica de aquecimento de água utilizando uma bomba de calor doméstica. Mostraram que as bombas de calor têm uma fonte de ar quente vantajosa, termos de eficiência, em relação às caldeiras a gás natural no que respeita à necessidade de aquecer água quente para uso doméstico. As medições mostram que o diâmetro das bolhas aumenta com um maior caudal de água quente. À medida que o caudal de água quente aumenta, o regime da água tende a ser mais turbulento.

Sun et al [7] estudaram o desempenho da bomba de calor para aquecer água e também a técnica de aquecimento através da combinação de aquecedor solar de água e bomba de calor sob uma condição de funcionamento variável (temperatura do ar, temperatura da água, radiação solar, intensidade, ...) para fazer uma comparação entre os dois sistemas, como mostra a Figura 1.11.

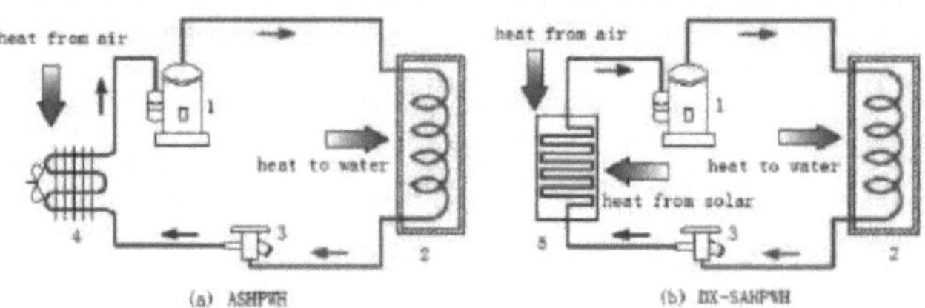

1-Evaporateur; 2-Réservoir d'eau; 3-Détendeur; 4-Evaporateur/ Ventilateur; 5-Evaporateur

Figura 1. 11. Diagrama de blocos de dois sistemas: aquecimento de água utilizando a fonte de ar quente da bomba de calor/aquecedor solar de água acoplado a uma bomba de calor **[7]**.

Uma comparação entre o sistema de aquecimento de água por resistência eléctrica e a fonte de calor fornecida pelo condensador da bomba de calor mostra uma redução no consumo de energia de cerca de 40 a 60%. A temperatura ambiente influencia o desempenho deste sistema (bomba de calor com fonte de ar quente para aquecimento de água "ASHPWH"). A baixa temperatura ambiente é um obstáculo ao desempenho deste sistema. O aquecimento de água pela fonte de ar quente fornecida pelo condensador da bomba de calor tem melhor estabilidade de funcionamento, exceto em climas adversos (baixa temperatura ambiente). Mostraram também que o sistema acoplado (aquecedor solar de água com bomba de calor) funciona todos os dias e em todas as condições climatéricas com maior rentabilidade. Mostraram também que, num dia quente, o COP do sistema de aquecimento solar de água acoplado a uma bomba de calor é superior ao outro, que é definido como aquecimento apenas por uma bomba de calor. Por outro lado, durante a noite, verifica-se o contrário, como mostra a Figura 1.12. Mostraram que, num dia claro, o COP do sistema de aquecimento solar de água associado a uma bomba de calor é superior ao do sistema de aquecimento de água com condensador da bomba de calor. Esta diferença é explicada pela alteração da temperatura de evaporação do refrigerante efectuada na bomba de calor pela energia solar.

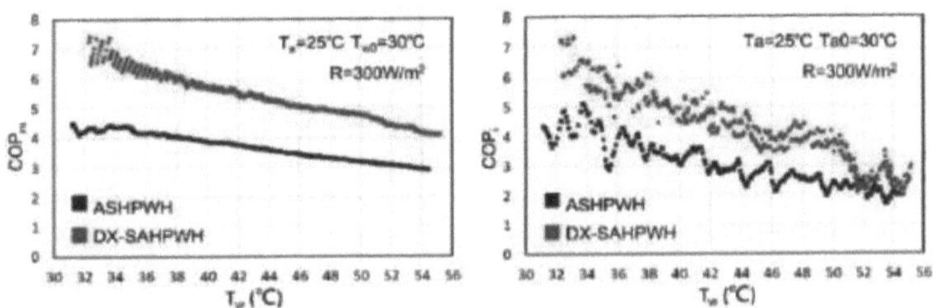

Figura 1. 12. Comparação do COP de dois sistemas propostos [7].

Xinhui Zhao et al [6] efectuaram um estudo experimental sobre o desempenho do aquecimento de água num tanque uma fonte de calor de alta temperatura fornecida pelo condensador da bomba de calor. Verificaram que a temperatura do refrigerante (R410a) no depósito aumenta à medida que a temperatura da água aumenta, variando entre 7 e 9°C.

O aumento da temperatura da água está relacionado com o aumento da energia fornecida ao condensador da bomba de calor. Mostraram também que a temperatura de condensação é demasiado elevada, aumentando as perdas de calor e reduzindo o COP.

Quando a temperatura da água é de cerca de 21 T, a capacidade de aquecimento é de 1870 W e, se a temperatura da água aumentar 1 T, a capacidade de aquecimento diminui 25 W; quando a temperatura da água atinge 55 T, a capacidade de aquecimento é de 490 W e, se a temperatura da água aumentar 1 °C, a capacidade de aquecimento diminui para 80 W. À medida que a temperatura no interior do tanque de água aumenta, o valor COP é gradualmente reduzido, como mostra a Figura 1.13.

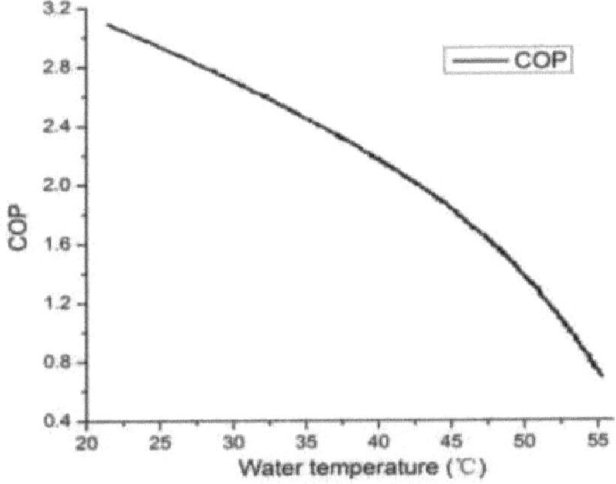

Figura 1. 13: Variação do COP em função da temperatura da água [6].

Ben Slama [18] estudou o princípio do aquecimento da água através do condensador do frigorífico. Ele mostrou que quando este sistema de aquecimento é utilizado, a temperatura da água quente atinge 60°C. Em termos económicos, o aquecimento da água através do condensador do frigorífico ajuda a proteger o ambiente das emissões de CO2 (poluição ambiental) e a reduzir o consumo de energia.

Youssef et al [19] estudaram um sistema acoplado: aquecedor solar de água com uma bomba de calor para produzir água quente sanitária. Referiram que os métodos de aquecimento de água com recurso a combustíveis fósseis produzem gases CO_2 que têm um impacto no ambiente. A técnica de aquecimento solar da água é também insuficiente em climas frios (não estáveis). Para estes problemas, procuraram um método que pudesse reduzir o consumo de energia e proteger o ambiente contra a emissão de gases e satisfazer as necessidades de água quente dos habitantes em todas as condições e em diferentes climas. Verificaram que este sistema é mais económico em todas as condições climatéricas (ausência ou presença de radiação solar).

A diferença entre o COP num dia quente e num dia frio varia em cerca de 6,1% e 14%, respetivamente.

Tianji Liu et al [20] estudaram experimentalmente o princípio do aquecimento de água por bomba de calor usando energia solar. Este sistema baseia-se no princípio do aquecimento de água através da fonte de ar quente fornecida pelo condensador da bomba de calor e também pelo aquecedor solar de água reforçado por uma resistência eléctrica. Este sistema tem apresentado um COP cerca de 82% à temperatura ambiente. A vantagem deste sistema é o facto de aquecer água quente sanitária quando a energia solar (radiação solar) é baixa ou inexistente (ausência de radiação).

Bakirci et al [21] estudaram experimentalmente o desempenho térmico de um sistema de bomba de calor assistida por energia solar para aquecimento doméstico num clima frio. Mostraram que o princípio do aquecimento por bomba de calor reduz as emissões de gases produzidas pela outra técnica de aquecimento em edifícios residenciais ou sectores comerciais. A redução das emissões de CO2 varia entre 15% e 77% quando a bomba de calor é utilizada para aquecimento. Os autores demonstraram que o método de aquecimento por bomba de calor é um método económico importante em comparação com outros métodos de utilização de combustíveis fósseis (gás natural, álcool, fuelóleo, etc.). A propriedade do sistema de bomba de calor representa uma contribuição importante para reduzir o elevado de investimento.

Ibrahim et al [2] estudaram a fonte de ar quente fornecida pelo condensador da bomba de calor para utilização no aquecimento de água. Mostraram que a redução das emissões de gases é significativa para este sistema em comparação com outros métodos utilizados, como o aquecimento com gás natural. Mostraram também que as diferenças climáticas influenciam os coeficientes de desempenho do sistema estudado (bomba de calor).

Dott et al [22] avaliaram um sistema acoplado entre um aquecedor solar de água e uma bomba de calor para a produção de água quente, como mostra a Figura 1.14. Mostraram que a bomba de calor é um fator importante na produção de calor suficiente para realizar o processo de aquecimento de um espaço ou de água quente sanitária. No entanto, o único inconveniente é o elevado consumo de energia devido ao compressor e à ventoinha desta máquina de refrigeração.

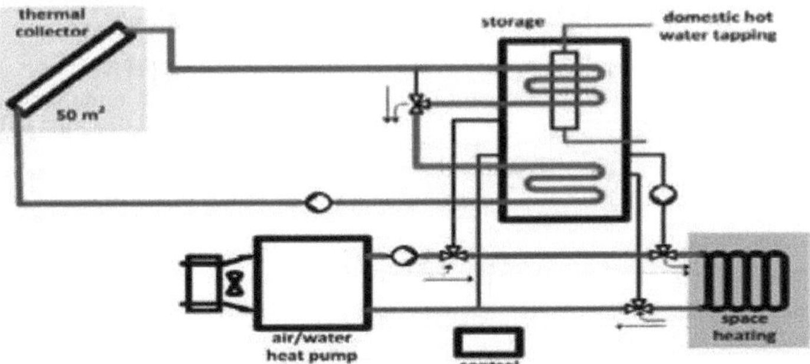

Figura 1. 14: Diagrama do sistema acoplado (bomba de calor com painel solar) [22].

Eicher et al [23] estudaram a bomba de calor assistida por energia solar produção de água quente. Utilizaram a energia solar com a bomba de calor para melhorar o desempenho deste sistema. Mostraram que o COP diminuía à medida que a temperatura no condensador aumentava.

Ben Slama [24] estudou um frigorífico utilizado para aquecimento (água e aquecimento ambiente) e também para reduzir energia e as emissões de carbono. Ele mostrou que o frigorífico pode contribuir para o aquecimento da água com a função principal de produzir frio. Observou que a temperatura da água quente, aquecida pelo condensador do frigorífico, atinge 60°C. O condensador de um frigorífico imerso num tanque de água representa uma melhor fonte de aquecimento e uma redução do consumo de energia.

Jing-Wei Peng et al [25] compararam o desempenho do sistema de aquecimento de água por bomba de calor com diferentes tipos de válvulas de expansão. Verificaram que a válvula de expansão do tipo tubo de orifício curto é melhor do que o outro tipo capilar para técnica de aquecimento de água. O tubo capilar é utilizado na bomba de calor devido ao seu baixo custo e fabrico simples.

3.3 Tecnologia de aquecimento do condensador do frigorífico

Momin et al [26] determinaram o COP de um frigorífico doméstico utilizado para aquecer água doméstica utilizando o calor perdido através do seu condensador. Verificaram que o calor perdido para a atmosfera pelo condensador do frigorífico é muito elevado em comparação com a temperatura ambiente. Este calor residual é capaz de satisfazer as necessidades domésticas. Por esta razão, utilizaram este calor residual para aquecer a água e melhorar o fator económico. Mostraram que a temperatura máxima obtida no depósito de água atinge os 60°C. O COP do sistema que utiliza o calor residual para aquecer a água é melhor do que o obtido pela condensação do freon com o ar. Verificaram também que o consumo de energia era menor quando se utilizava água para condensar o fluido de transferência de calor do que quando se utilizava ar. Verificaram também que o calor fornecido pela água quente aquecida pelo condensador do frigorífico pode ser utilizado noutras aplicações, tais como aquecimento ambiente, água quente sanitária, limpeza, lavagem ou secagem de roupa.

Soni et al [27] estudaram uma técnica para utilizar o calor residual de um frigorífico doméstico para aquecer água e ar. Verificaram que a técnica de aquecimento de água utilizando o calor residual do condensador é uma ferramenta de aquecimento de energia livre. A quantidade de calor residual atinge cerca de 60°C e é capaz de aquecer a água após 6 horas.

Esta quantidade de energia é capaz de satisfazer uma parte ou a totalidade das nossas necessidades de água quente sanitária durante todo o dia. Este sistema permite-nos energia e proteger o ambiente das emissões de gases. Os investigadores demonstraram que o sistema utilizado para recuperar o calor residual ajudou a melhorar o COP e também a reduzir o consumo de energia. A diferença de temperatura da água à entrada e à saída do condensador de cerca de 10°C. Por outro lado, a temperatura do ar no limite da cabina é de cerca de 46°C. Concluíram também que este sistema pode ser utilizado numa variedade de locais, como hotéis, hospitais, restaurantes e para fins domésticos, como limpeza, lavagem, secagem, etc.

Jadhav et al [28] utilizaram o calor residual do condensador de um frigorífico para aquecer a água. Verificaram que a quantidade de calor residual do condensador é suficiente para satisfazer as necessidades de aquecimento de um espaço fechado. Indicaram que o frigorífico com uma câmara fechada e um espaço de aquecimento de água se baseiam no mesmo princípio do ciclo de compressão de vapor, mas com uma pequena modificação, como se mostra na Figura 1.15.

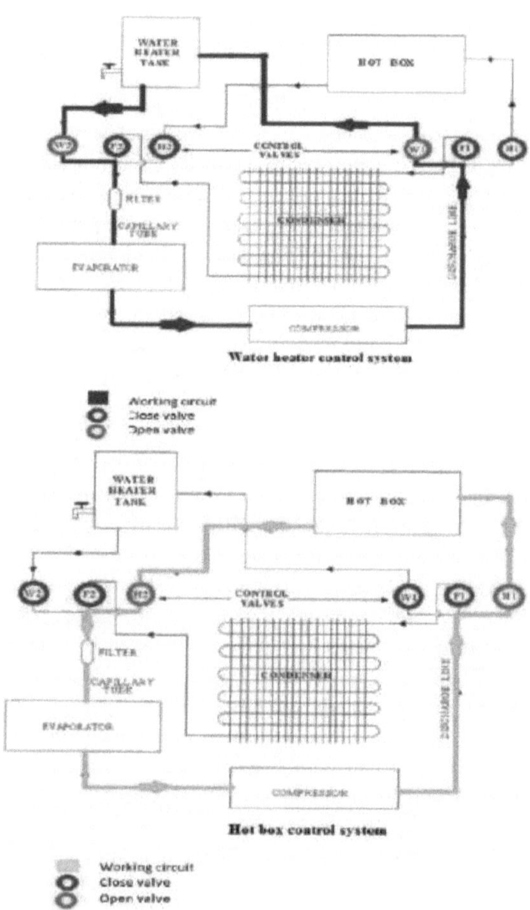

Figura 1. 15. Recuperação de calor residual para aquecimento **[28].**

Descobriram que um frigorífico associado a um tanque de água quente fechado e a um espaço de aquecimento de água dava os melhores resultados. A temperatura da água quente no reservatório varia entre 55 e 60°C e o nível de temperatura na câmara fechada situa-se entre 45 e 50°C. Os investigadores demonstraram que esta máquina de refrigeração, com a sua produção simultânea de aquecimento e arrefecimento, pode ser utilizada numa vasta gama de aplicações, incluindo hotéis, necessidades domésticas e indústria. O aquecimento e o arrefecimento simultâneos utilizados em vários locais são conseguidos através de um processo conhecido como máquina-multifunções.

Chaudhari et al [29] efectuaram um estudo experimental num frigorífico para recuperar o calor residual do seu condensador. Mostraram que a recuperação deste resíduo contribui para reduzir energia e a poluição ambiental. Verificaram que a quantidade de calor recuperada pelo condensador do frigorífico varia entre 375 e 407 W. O COP teórico do sistema sem recuperação de calor residual de cerca de 1,88, mas com a recuperação de calor residual, o COP torna-se igual a 2,53. O COP do condensador arrefecido a ar é de 1,078. Mostraram também que a quantidade de água quente disponível por hora é de 7,2 litros a uma temperatura de 51°C e de 24 L/h a uma temperatura de 41,7°C.

Sreejith et al [30] estudaram experimentalmente um frigorífico doméstico utilizando água e ar para arrefecer o condensador. Determinaram o desempenho de um frigorífico comparando duas fontes de arrefecimento do condensador, nomeadamente ar e água. Mostraram que o desempenho de um frigorífico é melhorado com a utilização de água para arrefecer o condensador. Em todas as condições de carga, o condensador arrefecido a água contribui para uma redução do consumo de energia de 8 a 11% em comparação com a tecnologia de arrefecimento a ar. As quantidades de água quente produzidas pelo sistema de arrefecimento do condensador de um frigorífico são suficientes para satisfazer as necessidades domésticas, como a limpeza e a lavagem.

Borkar et al [31] estudaram a utilização do calor residual dos frigoríficos. Verificaram que o condensador do frigorífico liberta uma quantidade de energia térmica para a atmosfera, o que reduz a eficiência desta máquina de refrigeração. Estes investigadores pensaram em utilizar este calor residual em diferentes aplicações para aumentar a eficiência do frigorífico. O sistema estudado é um frigorífico doméstico que produz simultaneamente calor e frio. O lado quente, o condensador, aquece os alimentos e o lado frio, o evaporador, arrefece a água, como mostra a Figura 1.16.

Filtro

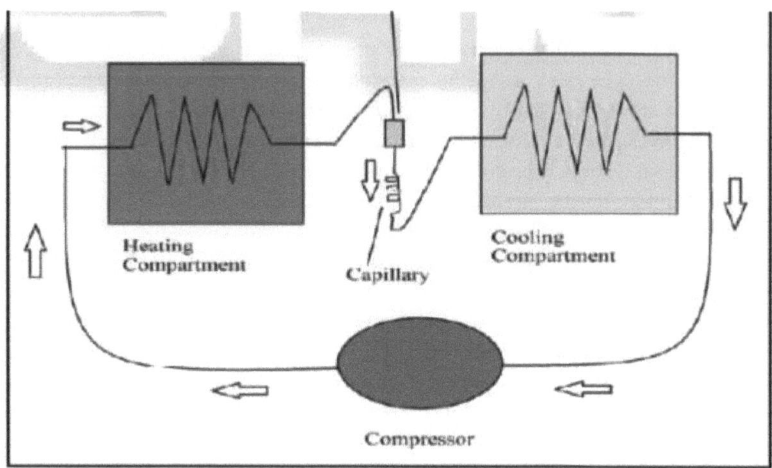

Figura 1. 16. Ciclo de funcionamento de um frigorífico [31].

Os investigadores demonstraram que a recuperação do calor residual deste frigorífico permite reduzir o consumo de energia, os custos de investimento e as emissões de gases.

Pathak et al [32] estudaram a técnica de recuperação de calor residual utilizando um sistema de refrigeração. Verificaram que o condensador do frigorífico fornece uma quantidade de calor que influencia a temperatura de uma divisão, especialmente durante o verão. Por esta razão, utilizaram este calor residual para aquecer água e pré-aquecer alimentos. A principal vantagem deste sistema é a produção máxima de calor com o mínimo de perda de calor. Os investigadores demonstraram que o desempenho deste sistema com a recuperação de calor do condensador é melhor do que o do frigorífico convencional. Assim, com a recuperação do calor residual do condensador do frigorífico, o COP e a eficiência são melhorados. Concluíram também que este sistema pode reduzir energia e proteger o ambiente.

Kumbhar et al [33] desenvolveram uma técnica para recuperar o calor residual de um frigorífico doméstico. Mostraram que a recuperação do calor residual apresenta várias vantagens: o desempenho do sistema é melhorado, são produzidas quantidades de água a alta temperatura, a eficiência é aumentada, o consumo de energia e o custo do combustível para aquecimento são reduzidos e a quantidade de água produzida pode ser utilizada para várias aplicações.

Biswas et al [34] recuperaram o calor residual dos frigoríficos domésticos para satisfazer as necessidades de aquecimento. O objetivo do seu trabalho é minimizar a perda e maximizar a quantidade de calor recuperado utilizando água como fluido para arrefecer o condensador do frigorífico. Confirmaram que o calor recuperado será utilizado em aplicações domésticas como a limpeza, a lavagem e a secagem. Este sistema de recuperação de calor pode ajudar a proteger a energia e a reduzir os custos de investimento, bem como a melhorar a eficiência dos frigoríficos.

Sreejith [35] estudou experimentalmente um frigorífico doméstico que utiliza água para arrefecer o seu condensador com a utilização de diferentes lubrificantes para o compressor. Verificou que os tipos de lubrificantes do compressor utilizados influenciaram o desempenho do frigorífico em todas as condições de carga. Também ajudaram a reduzir o consumo de energia, tendo em conta a influência no COP desta máquina doméstica. Verificou também que a recuperação deste calor do condensador pode produzir uma quantidade de água igual a 200 litros a uma temperatura de 58°C por dia. Esta técnica de aquecimento foi a que mais contribuiu para o consumo de energia.

Sreejith et al [36] estudaram experimentalmente um frigorífico doméstico utilizando o evaporador para arrefecer o condensador. Compararam o princípio de arrefecimento do condensador do frigorífico com a utilização do evaporador de um lado e do ar ambiente do outro. Mostraram que o desempenho deste sistema é melhorado pela utilização do evaporador como fonte de arrefecimento, em comparação com a utilização de ar. Da mesma forma, a utilização do evaporador para arrefecer o condensador demonstrou ser o principal fator de redução do consumo de energia. O COP desta máquina doméstica melhorou quando o evaporador foi utilizado para efetuar a técnica de condensação Freon em comparação com a técnica convencional: condensação por ar ambiente. Como resultado, a eficiência desta máquina doméstica e o efeito de refrigeração são aumentados.

Tanmay Patil et al [37] estudaram a recuperação do calor residual do condensador de um frigorífico doméstico. O frigorífico doméstico é utilizado para manter os alimentos em boas condições. Com a conservação desses alimentos, consome uma quantidade significativa de energia eléctrica. Por esta razão, os investigadores decidiram conservar esta energia recuperando o calor perdido pelo condensador do frigorífico. As várias perdas de calor recuperadas pelo condensador têm sido utilizadas para aquecer câmaras fechadas ou para aquecer água. O condensador, arrefecido pelo ar ambiente, deve fornecer uma quantidade de calor à atmosfera. O condensador, por outro lado, é arrefecido pela água. A quantidade de calor perdida já é transferida para a água para a elevar a uma temperatura elevada. A baixa temperatura obtida no condensador pode ser utilizada, por exemplo, como uma fonte adicional de calor para o pré-aquecimento.

Tarang Agarwal et al [38] melhoraram o COP de um frigorífico doméstico com um condensador arrefecido pelo ar ambiente e utilizando R134a freon como refrigerante. Utilizaram uma cabina fechada montada por cima do frigorífico para recuperar o calor perdido pelo condensador e aquecer a água. O principal objetivo deste trabalho é minimizar a perda de calor e maximizar o desempenho deste sistema. Este sistema pode ser utilizado como um frigorífico convencional se a porta da cabina for deixada aberta. Os autores demonstraram que esta técnica de recuperação contribui para um aumento do COP de cerca de 11%.

4 Dessalinização da água

A água doce é um recurso natural abundante, cobrindo três quartos da superfície da Terra. No entanto, apenas cerca de 3% de todas as fontes de água são potáveis. Cerca de 25% da população mundial não tem acesso a água doce de boa qualidade e/ou em grandes quantidades. A falta de água será um fator limitativo da produção alimentar. A necessidade água doce é considerada um problema internacional, de acordo com o Conselho Mundial da Água. Em 2020, 17% da população mundial viverá com pouca água doce[39]. Um aumento gradual da quantidade de água consumida em resultado do crescimento da população, da melhoria das condições de vida e, não menos importante, das necessidades industriais e agrícolas **[40]**. A dessalinização da água do mar ou da água salobra é a única solução que satisfaz as necessidades da população **[41]**. Tornou-se um método fiável de abastecimento de água potável em todo o mundo. A técnica já está a ser utilizada com êxito e provou ser mais rentável **[42]**.

4.1 Recursos hídricos mundiais

Como mostra o Quadro 1.2, os recursos hídricos mundiais são mares, oceanos, glaciares, rios, águas subterrâneas e lagos. No entanto, a água doce representa apenas 2,5% da água total, e dos 2,5% de água doce, os lagos, rios e águas subterrâneas representam 14%, ou seja, o equivalente a 0,35% da água total. 86% da água doce restante está congelada nos pólos.

Tabela 1. 2. Distribuição de água [43]

Fonte de água	Quantidade (%)
Lagos de água doce	0.009
Água do rio s	0.0001
Águas subterrâneas (perto da superfície)	0.005
Águas subterrâneas (em profundidade)	0.61
Água nos glaciares e nas calotes polares	2.15
Água salgada de lagos ou mares interiores	0.008
Água na atmosfera	0.0001
Água do mar	97.2

4.1.1 Águas destiláveis

A salinidade do mar varia de um mar para outro, sendo em média de 35 $g.L^{-1}$, com fortes variações regionais [44] nalguns casos: 39 $g.L^{-1}$ no Mediterrâneo, 42 $g.L^{-1}$ no Golfo Pérsico e até 270 $g.L^{-1}$ no Mar Morto (Quadro 1.3).

Tabela 1.3: Graus de salinidade da água [45].

Mares	Salinidade (g.L-1)
Mar Báltico	7.0
Mar Cáspio	13.5
Mar Negro	13.0
Mar Adriático	25.0
Oceano Pacífico	33.0
Oceano Índico	33. 8
Oceano Atlântico	36.0
Mar Mediterrâneo	39.4
Golfo Arábico	43.0

4.1.2 Água salobra [46]

Trata-se de águas não potáveis cuja salinidade é inferior à da água do mar e que podem ser classificadas em três categorias:

Água ligeiramente salobra 1 $g.l^{-1}$ a 5 $g.l^{-1}$,

Águas moderadamente salobras 5 $g.l^{-1}$ a 15 $g.l^{-1}$

Águas muito salobras 15 $g.l^{-1}$ a 35 $g.l^{-1}$

4.1.3 Águas naturais

É a água proveniente de lagos, rios e lençóis freáticos. Têm composições químicas diferentes e estão por vezes poluídas e impróprias para consumo. Representam quase 14% da água doce.

4.1.4 Águas residuais

Trata-se de águas descarregadas por comunidades domésticas, industriais ou agrícolas.

4.1.5 Água potável

De acordo com as normas sanitárias da OMS (Organização Mundial de Saúde), toda a água distribuída a uma comunidade deve ser potável. A água é considerada potável se a sua salinidade total se situar entre 100 e 1000 partes por milhão (ou seja, 0,1 e 1 g.L^{-1}).

4.2 Processos de dessalinização

A tecnologia de dessalinização da água é um processo remove o sal da água do mar. O objetivo da dessalinização é água doce para consumo ou irrigação. Existem dois processos principais de dessalinização: a dessalinização por membrana e a dessalinização térmica. O primeiro método utiliza um filtro especial (membrana) para produzir água potável, enquanto a segunda tecnologia aquece e vaporiza a água do mar para obter vapor de água saturado e condensa-o (sob arrefecimento) para finalmente água potável destilada.

4.3 Processos de dessalinização

Os processos de dessalinização dividem-se em duas categorias principais: processos térmicos, também conhecidos como processos de mudança de fase, e processos de membrana, também conhecidos como processos de fase única. Os processos térmicos a evaporação da água salgada, que é depois condensada para produzir água potável. Para tal, é necessária uma fonte de energia térmica, como a energia solar, fóssil ou nuclear. Os processos térmicos incluem a destilação de expansão sucessiva (SED), a destilação de efeito múltiplo (ME), a solidificação fraccionada ou destilação por congelação e a destilação solar. Os processos de membrana mais utilizados à escala comercial osmose inversa e a eletrodiálise.

4.3.1 Processos de membrana

4.3.1.1 Osmose inversa

A osmose inversa (OR) é um processo de purificação da água que utiliza uma membrana parcialmente permeável para remover iões e moléculas indesejáveis da água potável. Na osmose inversa, a pressão aplicada é superior à pressão osmótica. A osmose inversa pode remover vários tipos de espécies químicas dissolvidas e em suspensão, bem como bactérias, da água. O soluto é retido no lado pressurizado da membrana, enquanto o solvente puro passa para o outro lado.

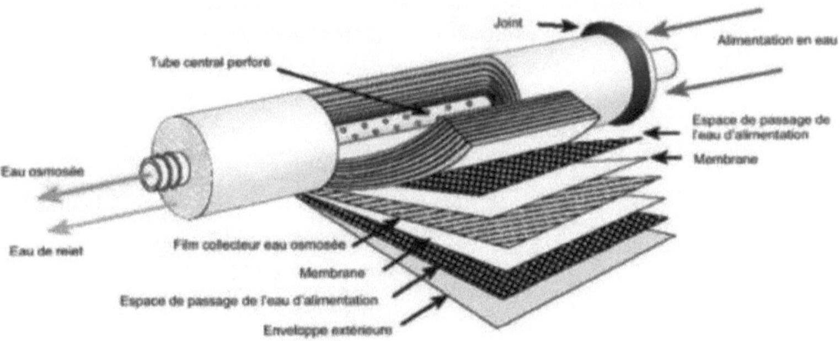

Figura 1. 17. Módulo de osmose inversa

4.3.1.2 Electrodialise

A eletrodiálise consiste no transporte de iões de sal de uma solução para outra, através de membranas de permuta iónica, sob a influência uma diferença de potencial elétrico. A célula de eletrodiálise é constituída por um compartimento diluído e um compartimento concentrado formado por uma membrana de permuta aniónica e uma membrana de permuta catiónica colocadas entre dois eléctrodos. Na prática, várias células de eletrodiálise são agrupadas para formar uma pilha de eletrodiálise. Os catiões movem-se na direção da corrente eléctrica. Deixam o primeiro compartimento através da membrana catiónica, mas não podem passar para o compartimento seguinte porque a membrana aniónica constitui um obstáculo para eles. Os aniões, por outro lado, movem-se na direção oposta à da corrente eléctrica. Saem do primeiro compartimento atravessando a membrana aniónica, mas não podem passar para o segundo compartimento porque a membrana catiónica inibe a sua passagem.

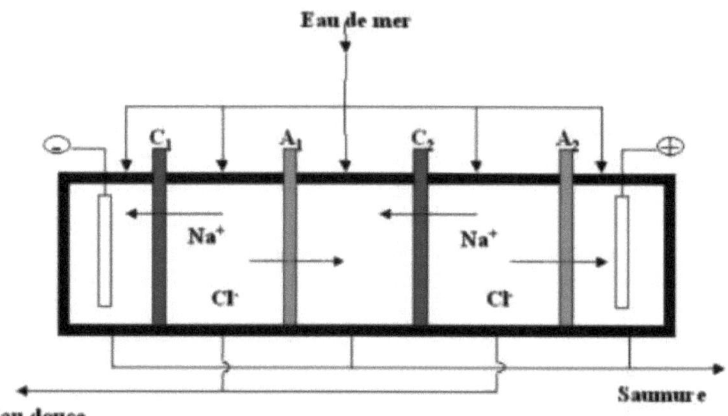

Figura 1. 18. Diagrama esquemático do processo de eletrodiálise

4.3.2 Processos térmicos
4.3.2.1 Destilação de expansão sucessiva (FED)
Trata-se de uma série de fases em que cada fase é constituída por um permutador de calor e um coletor de condensados. O destilador multi-flash tem duas extremidades, uma quente e outra fria. As fases têm temperaturas intermédias entre as extremidades quente e fria. As fases têm pressões diferentes. A água da caldeira a alta temperatura é parcialmente vaporizada por expansão numa câmara. O vapor produzido é condensado nos tubos de condensação e água fresca é recolhida.

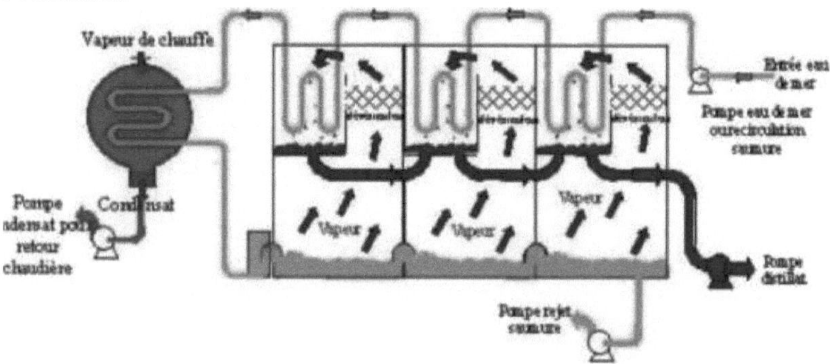

Figura 1. 19 Destilação MSF

4.3.2.2 Destilação de efeito múltiplo (MED)

Este sistema é constituído uma série de evaporadores, também conhecidos como efeitos. O vapor produzido pelo primeiro evaporador é condensado no segundo evaporador. O calor libertado durante a condensação permite a evaporação da água do mar no segundo evaporador, e assim sucessivamente para os outros efeitos.

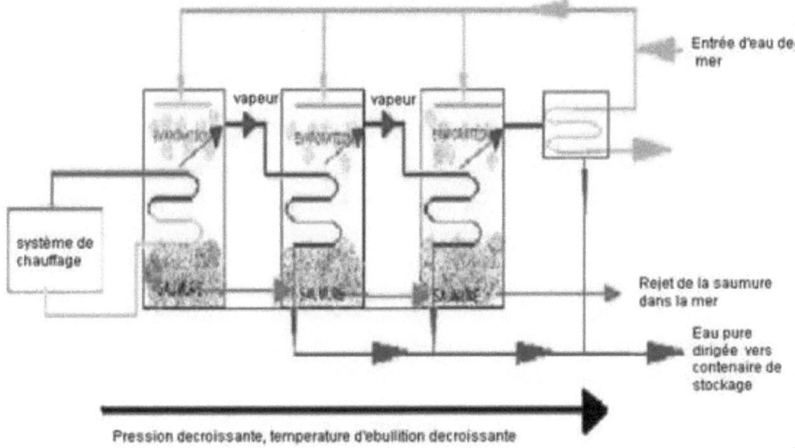

Figura 1. 20. Destilação MED

4.3.2.3 Solidificação fraccionada (destilação por congelação)

A dessalinização da água por congelação também existe. Esta técnica consiste em congelar parcialmente a água salgada. A temperatura de solidificação da água pura é mais elevada do que a da água salgada. Os cristais de gelo formados são depois separados da salmoura. Finalmente, os cristais de gelo são fundidos para produzir água potável líquida.

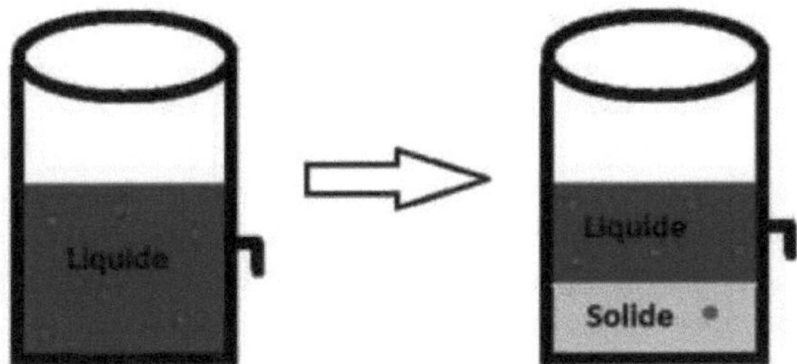

Figura 1. 21: Diagrama esquemático da solidificação fraccionada

4.3.3 Destilação solar

A destilação solar consiste em aproveitar a energia do sol para evaporar a água e recolher o seu condensado. É diferente de outras técnicas de dessalinização que consomem muito mais energia, como a osmose inversa ou a destilação que utiliza combustíveis fósseis, como a destilação MSF.

4.3.3.1 Destilador solar de ação simples

O destilador solar de efeito único é a conceção original da destilação solar. Este tipo de destilador solar simples tem um único vidro por cima da água salgada, o que desperdiça muita energia térmica através do calor latente de condensação sob a forma de condução através do vidro. Como resultado, a eficiência destes destiladores solares de cerca de 30 a 40% e a taxa de produção destilado é de cerca de 6 l / m ^{2} / dia [47]. A fim de aumentar a eficiência, foram efectuadas várias alterações de conceção. Estas várias modificações podem ser classificadas em dois grupos: destiladores solares passivos e destiladores solares activos. Os destiladores passivos utilizam o calor interno do destilador para o processo de evaporação, enquanto os destiladores activos utilizam fontes de energia externas, como colectores solares ou calor residual industrial. Os destiladores solares passivos de efeito único incluem os destiladores solares de tipo cisterna.

4.3.3.2 Destiladores solares passivos [47]

4.3.3.2.1 Destiladores de cuba solar

Este tipo de destilador é constituído por uma bacia pintada de preto, na emerge água salgada. A água salgada é aquecida e depois evaporada pela energia térmica da luz solar transmitida através de uma cobertura de vidro e depois absorvida pela bacia. O vapor de água é então condensado no vidro e a água destilada é recolhida.

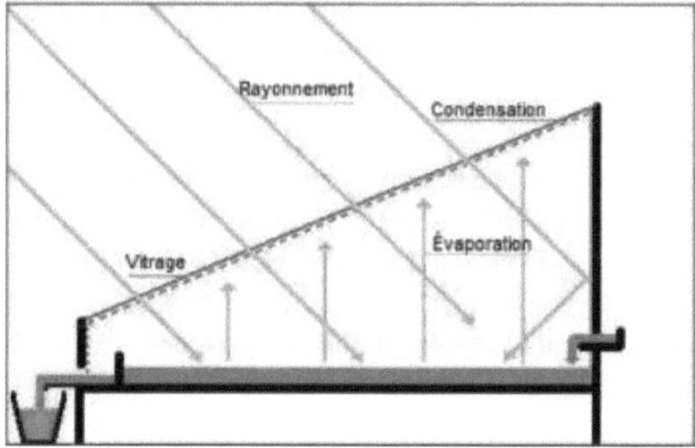

Figura 1. 22. Destilador solar de bacia

4.3.3.2.2 Destiladores de difusão solar

No sistema de dessalinização por difusão simples, as superfícies quente e fria são colocadas paralelamente uma à outra e separadas por uma pequena distância. O ar preenche o espaço entre as duas superfícies. O espaço é escolhido para ser pequeno, de modo a eliminar a transferência de calor por convecção entre as duas superfícies. A radiação solar é transmitida através do vidro e absorvida na superfície quente. Quando se água de alimentação fluir para a superfície quente, vapor de água difunde-se através do espaço, onde é condensado na superfície fria. Este processo é designado por dessalinização por difusão.

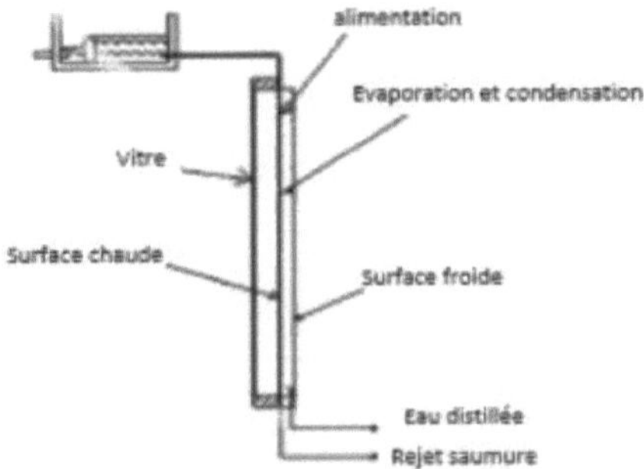

Figura 1. 23. Destilador solar de difusão

4.3.3.2.3 Destiladores solares esféricos

Este tipo de destilador é constituído por uma esfera de vidro e uma placa metálica pintada de preto, colocada horizontalmente no centro da esfera.

A água condensa-se na superfície da tampa de vidro. A água condensa-se na superfície da tampa de vidro

A água condensa-se na superfície da tampa de vidro e a água fresca é recolhida num tabuleiro situado no fundo do destilador.

Este destilador é 30% mais eficiente do que um destilador solar convencional.

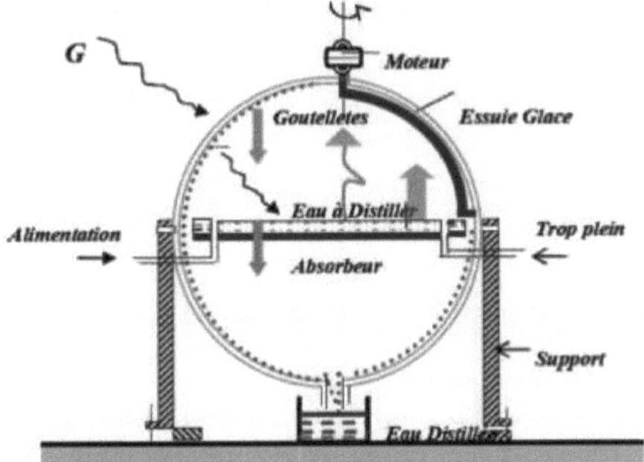

Figura 1. 24. Destilador solar esférico

4.3.3.3 Destiladores solares activos [47]
4.3.3.3.1 Destilador solar integrado com coletor de placa plana ou concentrador solar

Estes tipos de destiladores solares permitem aumentar ainda mais a temperatura da água salgada no tanque através de um coletor solar de placa plana ou de um concentrador solar, melhorando a eficiência. Um exemplo deste tipo de destilador é apresentado na Figura 1.25 e na Figura 1.26.

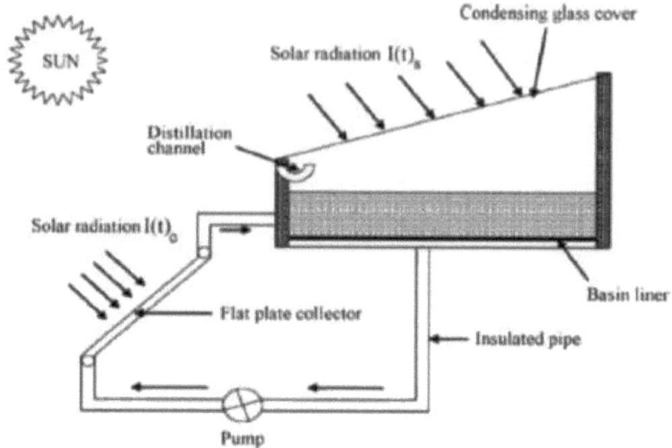

Figura 1. 25. Destilador solar integrado com coletor de placas

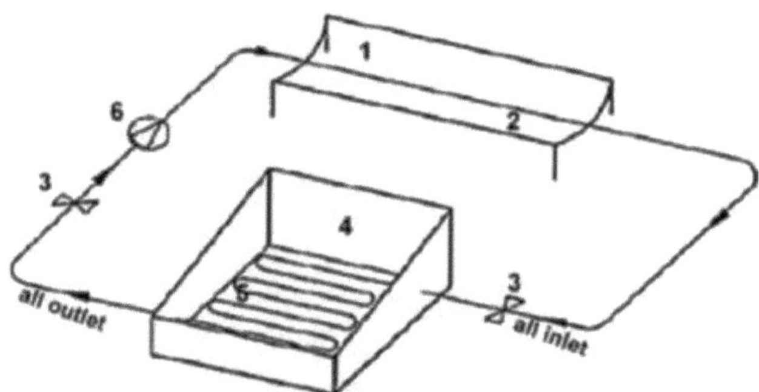

Figura 1. 26. Destilador solar integrado com concentrador solar

4.3.3.3.2 Destilador solar ativo com regeneração

O destilador solar com regeneração consiste principalmente no arrefecimento do vidro, que aquece devido ao calor latente da condensação, utilizando um fluxo contínuo de água por cima do vidro (Figura 1.27). A água quente que sai da cobertura é diretamente como alimentação para a bacia, aumentando a temperatura da água na bacia e aumentando assim a evaporação. Esta técnica é designada por regeneração.

I e II Colecionador de placas Fiat
III Permutador de calor tubo-ln-tubo (isolado)

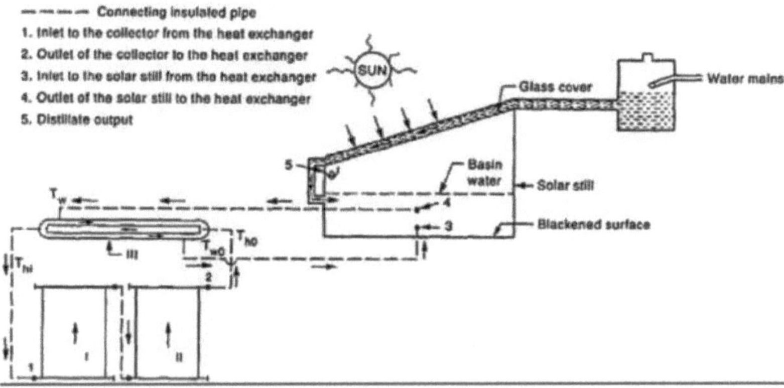

Figura 1. 27. Destilador solar com regeneração

4.3.3.3.3 Destilador solar de bolhas de ar

Este sistema utiliza uma ventoinha para criar um efeito borbulhante no destilador, o que aumenta a taxa evaporação. O efeito borbulhante criado pela ventoinha assegura que a água bruta circula e distribui a energia térmica de forma homogénea. A água bruta evaporada condensa-se no vidro sob a forma de gotas. O destilador solar de ar soprado oferece uma maior eficiência e um maior rendimento do que um destilador solar sem ventilador.

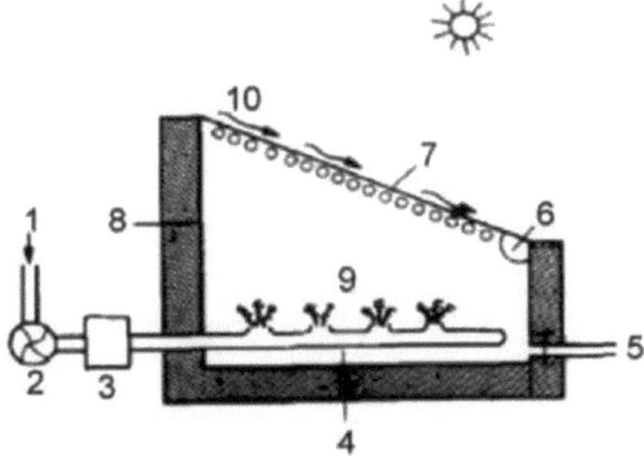

Figura 1. 28. Destilador solar de bolhas de ar

4.3.3.3.4 Destilação solar associada a um sistema híbrido fotovoltaico e térmico

Os módulos híbridos fotovoltaicos e térmicos (PV/T) são módulos fotovoltaicos acoplados a dispositivos de extração de calor, que preservam o tempo de vida das células fotovoltaicas sobreaquecidas pela radiação solar. O calor extraído dos módulos pode ser utilizado para ajudar a aumentar a temperatura da água salgada que emerge no tanque, melhorando assim a eficiência do destilador.

Figura 1. 29. Destilador solar acoplado a um sistema híbrido fotovoltaico e térmico

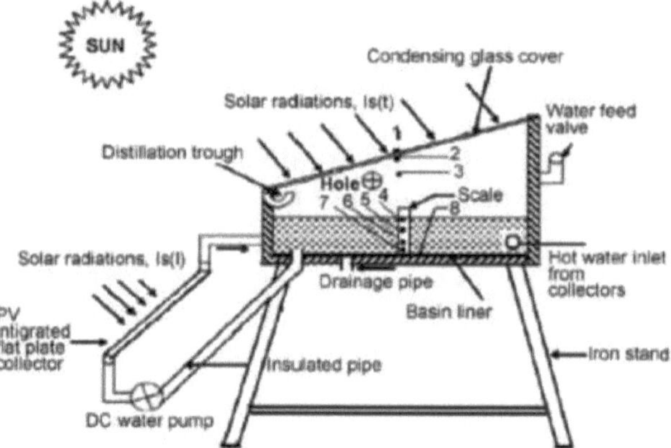

Figura 1. 30. Destilador solar acoplado a um sistema híbrido fotovoltaico e térmico

4.3.3.4 O destilador solar de efeito múltiplo [47]

Nos destiladores solares de bacia tripla, são colocadas duas tampas de vidro entre o revestimento da bacia e a tampa de vidro do destilador de bacia única. Estas duas tampas de vidro funcionam como uma segunda e uma terceira bacia, também contendo salmoura, colocadas uma sobre a outra. A produtividade total do sistema é então a soma das produtividades das três bacias.

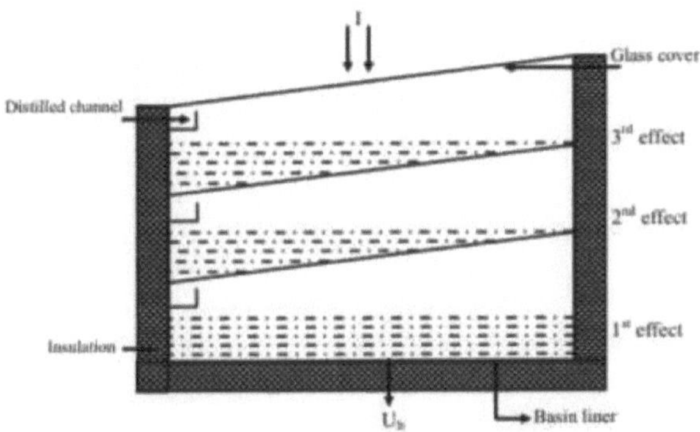

Figura 1. 31. Diagrama de um destilador solar de depósito triplo

4.3.3.5 Destilador solar acoplado a uma bomba de calor

Este tipo de destilador é classificado como um destilador solar ativo simples. O destilador solar acoplado a uma bomba de calor faz parte deste trabalho. A adição de uma bomba de calor a um destilador solar simples melhora a eficiência. O sistema é constituído essencialmente por um tanque contendo água salobra, uma cobertura de vidro e uma bomba de calor de compressão. A bomba de calor de compressão é constituída por um condensador imerso no tanque de água, um evaporador situado sob a parte superior da cobertura de vidro, um compressor e uma válvula de expansão. O condensador contribuirá para a formação da água no reservatório de calor e, portanto, para a sua evaporação, durante o dia e especialmente durante os períodos de baixa irradiação pelo refrigerante (R134a) que passa pela bomba de calor. Em contrapartida, o evaporador condensa uma grande parte vapor de água. A água da piscina é aquecida pela radiação solar incidente transmitida através da cobertura de vidro transparente e do condensador. Uma parte da água evapora-se e condensa-se sob o vidro e o evaporador. O condensado é então recolhido por dois colectores.

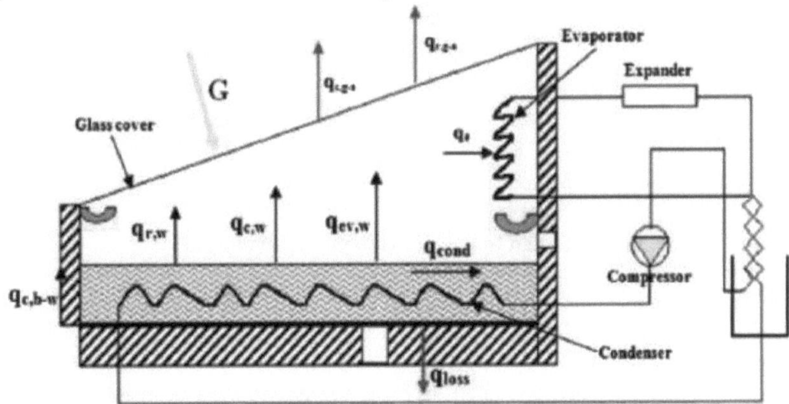

Figura 1. 32. Destilador solar simples acoplado a uma bomba de calor

Uma bomba de calor é uma máquina termodinâmica constituída por um circuito fechado no qual circula um fluido frigorigéneo. Este circuito é constituído por quatro componentes principais: um compressor, uma válvula de expansão, um condensador e uma válvula de expansão. A função desta máquina é transferir energia de um meio frio para um meio quente. O fluido frigorigéneo que circula neste circuito passa por um ciclo fechado composto por quatro fases. Durante estas etapas, o fluido frigorigéneo muda de estado (líquido ou vapor) e encontra-se a diferentes pressões e temperaturas.

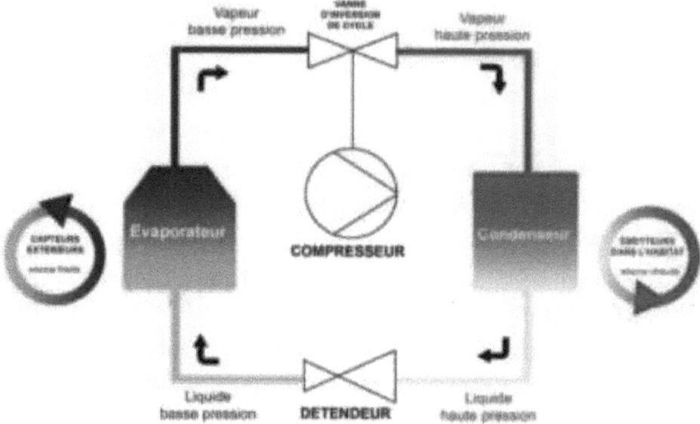

Figura 1. 33. Bomba de calor de compressão

O ciclo básico de uma máquina deste tipo (com compressão de fase única ou um único compressor) pode ser dividido em quatro fases ilustradas num diagrama de entalpia (Log P= g (H)) utilizado pelos engenheiros de refrigeração.

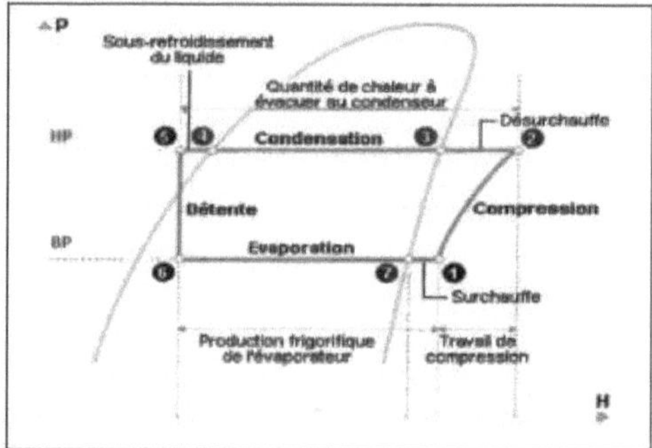

Figura 1. 34. Diagrama de entalpia de uma bomba de calor de compressão

4.4 Parâmetros que influenciam o funcionamento do destilador [48]

Os parâmetros que influenciam o funcionamento do destilador são classificados em parâmetros internos e externos.

4.4.1 Parâmetros internos

4.4.1.1 Vidro

A principal função da vidraça é o facto de poder ser de vidro ou de plástico (plexiglas, policarbonato). Tem dois papéis a desempenhar: em primeiro lugar, é um filtro seletivo para a radiação solar e, em segundo lugar, é uma superfície para a condensação do vapor de água. É necessária uma boa molhabilidade para evitar a condensação em gotículas que tendem a cair de novo na piscina e a refletir uma grande parte da radiação incidente, assegurando que a água condensada escorra em direção ao coletor [48].

4.4.1.2 Inclinação

A sua inclinação em relação à horizontal determina a quantidade de energia solar introduzida no destilador. Para minimizar a distância entre a salmoura e o copo, o ângulo de inclinação deve ser escolhido cuidadosamente. O ângulo de inclinação também influencia as equações de balanço energético dos vários componentes do destilador. Depende do modo de funcionamento do destilador durante ano [48]:

No funcionamento de verão, $\beta = \beta - 10°$.

$=$ No inverno, temos β $\beta + 20°$.

Em funcionamento anual, $\beta = \beta + 10°$.

4.4.1.3 Absorvente

Os estudos realizados neste domínio mostram que a superfície absorvente pode ser feita de vários materiais (madeira, metal, betão, plástico ou vidro comum). A escolha do material da superfície absorvente ou do reservatório negro depende da sua inércia térmica, da sua resistência à oxidação pela água e aos depósitos minerais.

4.4.1.4 Distância entre a superfície de evaporação e a superfície de condensação

Hansen et al [49] verificaram que a produção do destilador aumenta à medida que a distância entre a salmoura e o copo diminui.

4.4.1.5 Espessura da massa de água a destilar

A espessura da salmoura desempenha um papel muito importante. A produção é mais elevada para um destilador com uma espessura de salmoura baixa, mas para um destilador com uma espessura de salmoura elevada, a produção máxima só é observada pouco depois do pôr do sol.

4.4.1.6 Isolamento dos lados do destilador

O objetivo do isolamento dos lados é eliminar as perdas de calor para o exterior.

4.4.2 Parâmetros externos

Os parâmetros externos que influenciam o funcionamento do destilador são os parâmetros meteorológicos:

4.4.2.1 Temperatura do ar ambiente

A investigação demonstrou que o aumento da temperatura ambiente melhora a produção.

4.4.2.2 Velocidade do vento

A velocidade do vento tem o principal efeito na troca convectiva entre o vidro e o ar circundante. Isto influencia a temperatura do vidro e, por conseguinte, a eficiência.

4.4.2.3 Intermitência das nuvens e humidade do ar

A velocidade do vento e a temperatura ambiente dependem da intermitência das nuvens, o que explica a relação com o rendimento.

5 Conclusão

Neste capítulo, apresentámos uma visão geral das máquinas de refrigeração por compressão e das bombas de calor para a produção de água quente sanitária e para a dessalinização de água salobra. A primeira parte é dedicada à descrição dos conceitos básicos necessários para compreender as máquinas de refrigeração e as bombas de calor. Vimos as vantagens desta nova tecnologia para a produção de água quente sanitária. De seguida, foi apresentada uma descrição dos componentes da bomba de calor. Os vários parâmetros que influenciam o desempenho da máquina de refrigeração, como a geometria do condensador, também foram apresentados. Na segunda parte, apresentámos as diferentes técnicas de dessalinização disponíveis. Em particular, mostrámos que os processos de membrana, os processos térmicos como a dessalinização por expansão sucessiva (MSF), o efeito múltiplo (MED) e a compressão de vapor são processos de dessalinização térmica dispendiosos. também os parâmetros que influenciam o funcionamento do destilador. Chamámos especialmente a atenção para a possibilidade de utilizar o calor libertado pelos condensadores nos processos de dessalinização. Esta revisão da literatura mostra assim a importância da utilização do calor residual das máquinas de refrigeração para o aquecimento e dessalinização da água.

CAPÍTULO 2

Estudo experimental

1 Introdução

Este capítulo é dedicado ao estudo experimental de dois frigoríficos domésticos que aquecem água e de um aparelho de ar condicionado que destila água salobra. A primeira parte deste capítulo é dedicada à parte do aquecimento de água para uso doméstico. São apresentados os dois protótipos utilizados para produzir água quente sanitária, bem como o equipamento e os métodos de medição utilizados. A segunda parte do capítulo apresenta as técnicas de destilação de água salobra utilizando o calor libertado pelo condensador de um aparelho de ar condicionado.

2 Aquecimento de água doméstica

2.1 Apresentação do protótipo

Um frigorífico doméstico com uma unidade de aquecimento de água baseia-se no mesmo princípio do ciclo de compressão de vapor, mas com uma pequena modificação no condensador, como se mostra na Figura 2.1. Neste contexto de investigação, apenas estudamos o modo de produção de água quente sanitária através da descarga térmica do condensador do frigorífico.

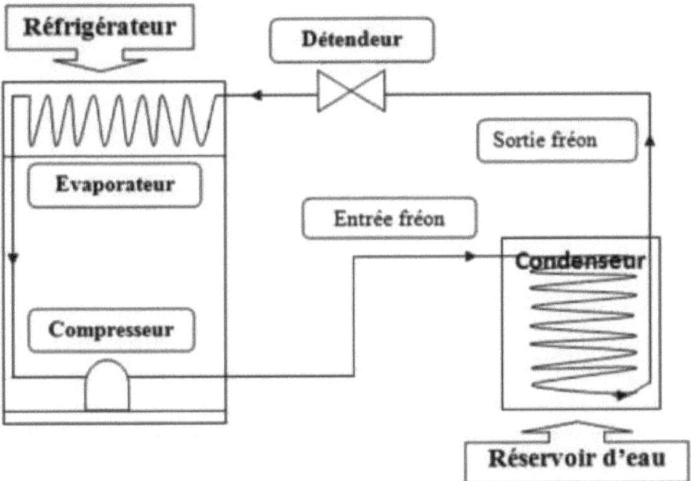

Figura 2. 1: Frigorífico utilizado para aquecer água

2.2 Descrição da montagem experimental

Dois dispositivos experimentais construídos na Escola Nacional de Engenharia de Gabès no laboratório de investigação Energia, Água, Ambiente e Processos. O primeiro aparelho é um mini-frigorífico com uma capacidade de 46 litros acoplado a um reservatório de água. O segundo dispositivo é um frigorífico doméstico com uma capacidade de 190 litros acoplado a um tanque de água cilíndrico que contém um condensador helicoidal totalmente imerso. Ambos os frigoríficos utilizam R134a como fluido refrigerante. Segue-se uma descrição pormenorizada de cada aparelho.

2.2.1 Apresentação do primeiro protótipo

A instalação experimental consiste nos componentes padrão de uma máquina de compressão de vapor. Inclui um condensador, um compressor, uma válvula de expansão, um evaporador e um depósito de água, todos montados em conjunto. A figura 2.2 mostra uma fotografia desta montagem. O protótipo utilizado neste estudo é um Mini-frigorífico com um volume líquido total de 46 litros e uma porta reversível com um sistema de arrefecimento estático. Como qualquer frigorífico convencional, o condensador é arrefecido a ar. Neste novo contexto, optámos por modificar o condensador do frigorífico arrefecido pelo ar ambiente por outro completamente imerso em água, com o objetivo de aproveitar ao máximo o calor perdido para a atmosfera. As principais caraterísticas do frigorífico utilizado no estudo experimental são apresentadas na Tabela 2.1.

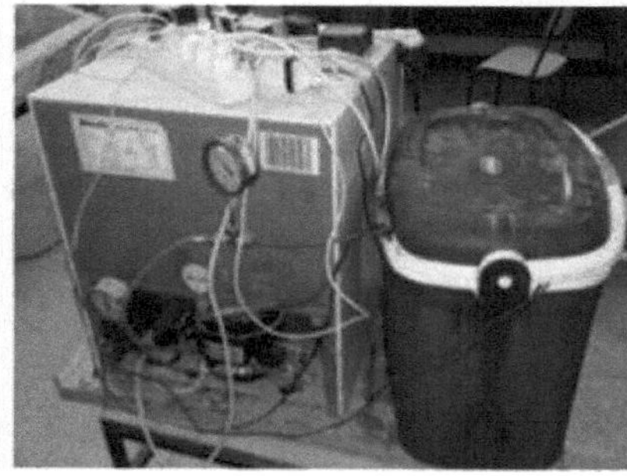

(a) Vista frontal (b) Vista traseira

Figura 2. 2: Protótipo de um mini-frigorífico acoplado a um aquecedor de água

Tabela 2.1: Especificações e caraterísticas do mini-frigorífico com aquecedor de água

Modelo do frigorífico	Modelo do compressor : AES30DS
Classe climática: ST	Tipo de motor: RSIR
Corrente nominal: 1,2 A	Capacidade de arrefecimento: 88 W
Gás refrigerante : R134a	COP: 2,98
Volume: 46 litros	Deslocamento: 3,88 cm^3
Consumo de energia: 0,52 kWh/24h	Alimentação eléctrica: 220-240 V/ 50 Hz

2.2.2 Apresentação do segundo protótipo

A figura 2.3 mostra o protótipo de um frigorífico que água. Este conjunto é constituído essencialmente por um reservatório em forma de cilindro com um condensador helicoidal imerso na água, um compressor, uma válvula de expansão e um evaporador. O reservatório em questão contém 50 litros de água e tem uma forma cilíndrica com uma altura de 480 mm e um diâmetro de 380 mm. O reservatório de água é totalmente isolado com lã de vidro de 50 mm de espessura, envolvida em torno do reservatório interior de plástico. O reservatório de água é totalmente isolado para reduzir as perdas de calor. Este reservatório de água está totalmente protegido por outro reservatório de aço, como se mostra na Figura 2.3.

Figura 2.3: Frigorífico doméstico com um condensador helicoidal totalmente imerso A Tabela 2.2 apresenta as especificações do frigorífico acoplado a um aquecedor de água utilizado neste trabalho.

Quadro 2.2: Caraterísticas do sistema de refrigeração

Componentes	Observações
Frigorífico	Capacidade: 190 L
Compressor	R-134a, hermeticamente fechado, gás refrigerante: 140 g
Condensador	Comprimento:13 m, cobre
Evaporador	Tipo: convecção natural
Depósito de água	Capacidade: 50 litros, 50 mm de isolamento em lã de vidro

2.2.3 Apresentação do condensador helicoidal utilizado neste estudo

Para apresentar o tamanho e a forma geral de um tanque de água com um condensador helicoidal totalmente submerso, utilizámos um modelo em SolidWorks, como mostra a Figura 2.4.

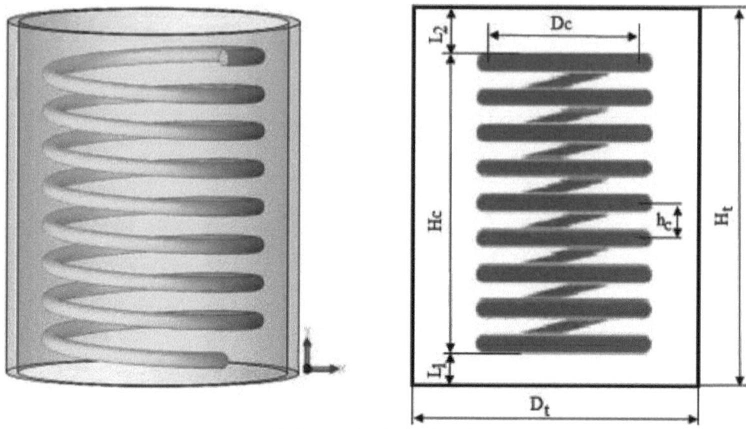

(a) Desenho 3D (b) Vista 2D

Figura 2.4: A forma geral de um condensador helicoidal utilizado neste trabalho [50] Os

parâmetros geométricos do tanque do condensador helicoidal são dados na Tabela 2.3

Tabela 2.3: Parâmetros geométricos do reservatório de água com condensador helicoidal [50].

Componente	Descrição	Símbolo	Valor
	Diâmetro interior do tubo (m)	$d_{c,i}$	0.004
	Diâmetro exterior do tubo (m)		
Condensador	Número de bobinas (-) Altura do condensador (m)	$d_{c,o}$	0.006
	Comprimento total (m)	N	13
	Distância entre curvas (m)	H_c	0.38
		L_c	13.074
	Diâmetro da cuba (m) Altura da cuba (m)	h_c	0.03
Tanque água	Volume (litro)	D_t	0.38
		H_t	0.48
		V_t	50

2.3 Materiais e métodos

Em termos de equipamentos e métodos de medição, escolhemos dois tipos de termómetros para medir diferentes temperaturas e dois manómetros para medir a pressão à entrada e à saída do compressor.

2.3.1 Instrumentação

Para estudar experimentalmente o funcionamento do frigorífico doméstico acoplado ao esquentador, foram efectuadas várias medições de pressão e temperatura nos vários componentes deste sistema, como mostra a Figura 2.5.

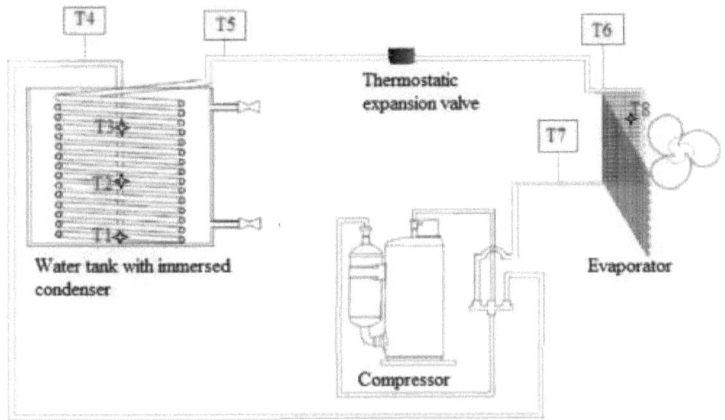

Figura 2. 5: Sistema de arrefecimento e aquecimento de água [50].

As medições efectuadas durante as experiências são :

• As temperaturas dos vários componentes do frigorífico, da água e da temperatura ambiente utilizando termopares e termómetros.

• As pressões à entrada e à saída do compressor do frigorífico para a produção de água quente, utilizando os manómetros

2.3.1.1 Termopares

As temperaturas nos vários pontos são determinadas usando um termopar tipo K précalibrado. São utilizados, no mínimo, sete termopares para determinar as temperaturas dos componentes do frigorífico e da água em cada ponto, como mostra a Figura 2.5.

2.3.1.2 Termómetros

São utilizados dois termómetros para medir a temperatura no interior do frigorífico e a temperatura ambiente.

2.3.1.3 Manómetros

As pressões alta e baixa na entrada e na saída do compressor são medidas utilizando o manómetro.

2.3.1.4 Consumo de energia

É utilizado um wattímetro para medir a alimentação eléctrica do frigorífico.

2.3.2 Calibração de termopares

Como mostra a figura 2.6, a calibração dos vários termopares foi efectuada em comparação com o termómetro de resistência de platina padrão (SPRT) ligado à eletrónica de medição com uma precisão absoluta de ± 0,1°C. As forças electromotrizes geradas pelos termopares são condicionadas por módulos SB analógicos desviados com uma precisão de ±0,05%. A gama de temperaturas explorada varia entre -50 °C e 150 °C e a exatidão da medição da temperatura é da ordem de ±0,67 °C .

Figura 2.6: Calibração de termopares em ar ambiente

2.3.3 Localização dos termopares no depósito

Para cada ensaio, foram integrados três termopares na direção vertical do reservatório, a fim estudar a variação da temperatura da água no interior do reservatório, como se mostra na Figura 2.7. Os pormenores da localização dos termopares são apresentados a seguir.

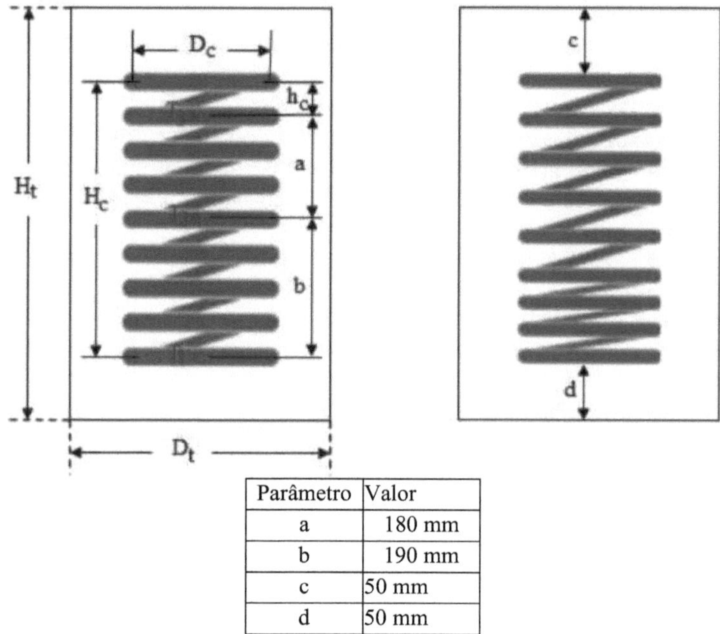

Parâmetro	Valor
a	180 mm
b	190 mm
c	50 mm
d	50 mm

Figura 2. 7: Localização dos termopares no interior do reservatório

2.3.4 Pontos de medição da instalação de refrigeração

Utilizam-se, no mínimo, quatro termopares do tipo K para medir as temperaturas do refrigerante à entrada e à saída do condensador e do evaporador, como se mostra na Figura 2.8. Os termopares são colocados na superfície exterior do tubo de cada permutador de calor e permitem medir a variação de temperatura em qualquer altura.

As várias temperaturas e pressões medidas na instalação de refrigeração são as seguintes

T_4 : Temperatura do refrigerante R134a à entrada do condensador (°C)

T_5 : Temperatura do refrigerante R134a à saída do condensador (°C)

T_6: Temperatura do fluido frigorigéneo R134a à entrada do evaporador (°C)

T_7: Temperatura do fluido frigorigéneo R134a à saída do evaporador (°C)

T_8: Temperatura do ar no interior do frigorífico (°C)

$\wedge_{T*}$, $2*$, $\wedge_{3*}$: Temperatura da água nos diferentes níveis do reservatório (°C)

P_1: Pressão do fluido frigorigéneo R134a à entrada do compressor (bar)

P_2: Pressão do fluido frigorigéneo R134a à saída do compressor (bar)

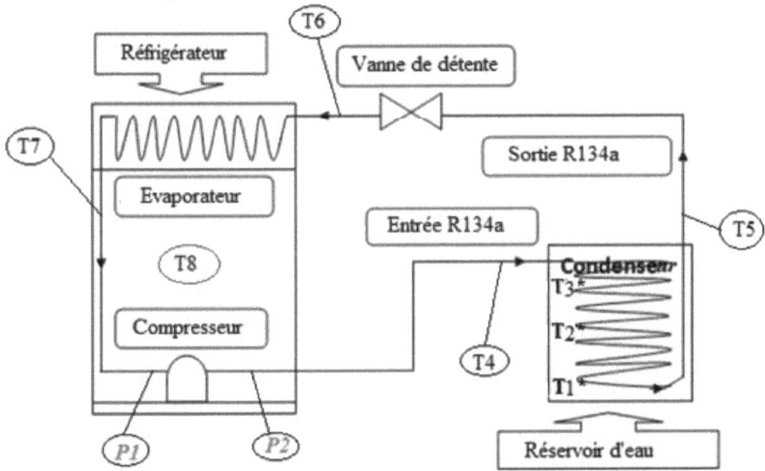

Figura 2.8: Temperaturas e pressões medidas na instalação de refrigeração

A pressão indicada por um manómetro é uma pressão relativa. A pressão absoluta é calculada utilizando a seguinte equação:

$$P_{abs} = P_{rel} + P_{atm} \tag{2-1}$$

Nestas condições, assume-se que $P_{atm} = 1\ bar$

2.3.5 erros

Durante a experimentação, os erros nos resultados e as incertezas podem resultar da calibração do instrumento, das condições de funcionamento, da escolha do instrumento e de erros de leitura. Os erros de medição do desempenho podem ser calculados utilizando o método de propagação de erros referido por **Kline e McClintock [51]**. Este método pode ser apresentado da seguinte forma

$$W_R = \left[\left(\frac{\partial R}{\partial x_1} W_1 \right)^2 + \left(\frac{\partial R}{\partial x_2} W_2 \right)^2 + \cdots + \left(\frac{\partial R}{\partial x_n} W_n \right)^2 \right]^{1/2} \tag{2-2}$$

Onde W_R é a incerteza do resultado, W_i, W_2,..., W_n são as incertezas das variáveis independentes. R é uma dada função das variáveis independentes $x_i, x_2...x_n$ Utilizando a equação proposta por Kline e McClintock, os erros máximos de desempenho são de i,6 %.

A fim de evitar a dispersão dos resultados, foi efectuada uma série experiências nas mesmas condições de funcionamento para mostrar a possível variação dos resultados experimentais se for dado o mesmo parâmetro. É de notar que cada ensaio é repetido três vezes para a mesma

43

variável, a fim de confirmar a exatidão dos resultados. A incerteza das medições é apresentada na Tabela 2.4.

Tabela 2.4: Incertezas de medição

Parâmetros	Incerteza	Margem de medição
Temperatura (termopar)	±0.67	-50,0 a 150 °C
Temperatura (termómetro de mercúrio)	-	-10 a 100 °C
Manómetro (para baixa pressão)	±0.1	0-2,0 MPa
Manómetro (para alta pressão)	±0.1	0-3,0MPa
Desempenho	1.6 %	-

3 Destilação de água salobra

3.1 Descrição do banco de ensaio

Um aparelho de ar condicionado acoplado a uma unidade de dessalinização de água baseia-se no mesmo princípio do ciclo mecânico de compressão de vapor. A modificação está na geometria externa do condensador. O condensador arrefecido pelo ar ambiente é substituído por outro imerso em água para recuperar o calor rejeitado para atmosfera.

O principal objetivo deste estudo é aproveitar ao máximo o calor fornecido pelo condensador para destilar a água, como mostra a Figura 2.9.

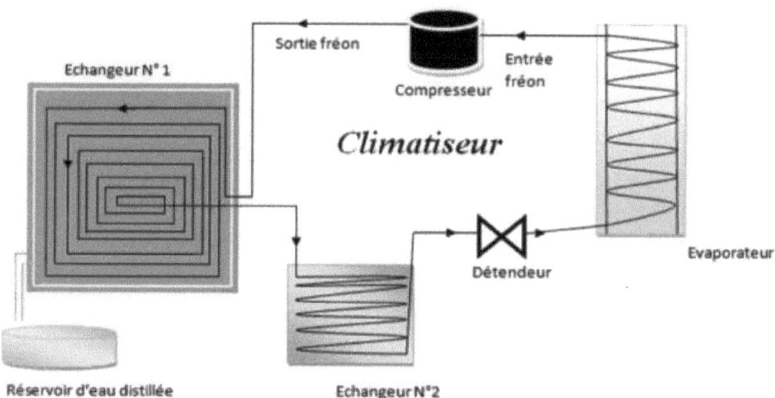

Figura 2. 9: Princípio de instalação

Os principais componentes do sistema são um tanque contendo água salobra, uma cobertura de vidro e uma bomba de calor de compressão. A bomba de calor de compressão é constituída por um condensador totalmente imerso no reservatório de água, um evaporador situado à frente do reservatório de água, um compressor e uma válvula de expansão, como mostra a figura 2.10. O condensador contribui para a formação de calor na água do tanque e, portanto, para a sua evaporação, durante o funcionamento do sistema, através do refrigerante (R134a) que passa pela bomba de calor. Por outro lado, a cobertura de vidro transparente condensará uma grande parte vapor de água. Uma parte da água evapora-se e condensa-se sob o vidro e o condensador. A água destilada é então recolhida num coletor.

Figura 2. 10. Aparelho de ar condicionado acoplado a um sistema de destilação

3.2 Equipamento de medição

Medidas tomadas durante a nossa experiência relativamente a :

- As temperaturas das diferentes partes do destilador, ou seja, do copo, da bacia, da água e do ambiente. Estes valores são obtidos por meio de termopares e termómetros.
- O volume de destilado recolhido com um tubo de ensaio.
- As pressões à entrada e à saída do compressor da bomba de calor são medidas com manómetros.

Os testes são efectuados em outubro e dezembro de 2019. As medições são efectuadas de hora a hora ao longo do dia.

4 Conclusão

Neste capítulo, apresentámos os protótipos de frigoríficos aquecidos a água e de uma unidade de ar condicionado para dessalinização de água, bem como os métodos e equipamentos de medição utilizados no nosso estudo. Também nos concentrámos no cálculo das incertezas e dos erros de medição. Deste modo, salientamos o facto de a quantidade de calor rejeitada para a atmosfera poder ser recuperada e utilizada em várias outras aplicações. O próximo capítulo será dedicado à modelação do funcionamento e acoplamento do frigorífico ao esquentador.

CAPÍTULO 3

Modelação do funcionamento e do acoplamento do frigorífico ao aquecedor de água

1 Introdução

Neste capítulo, é apresentado um modelo de funcionamento e acoplamento do frigorífico doméstico ao esquentador. São descritas as técnicas básicas para o desenvolvimento de uma simulação com o ANSYS Fluent. Apresenta-se também um modelo matemático para os vários componentes da máquina frigorífica acoplada a um esquentador. Em seguida, desenvolve-se um modelo teórico capaz de determinar a quantidade de água a ser aquecida diariamente pela descarga térmica do condensador. Por fim, apresentamos os resultados numéricos do modelo 2D que escolhemos para modelar o reservatório de água com um condensador helicoidal totalmente imerso, comparando-o com os resultados experimentais que pudemos desenvolver no nosso laboratório de investigação Energia, Água, Ambiente e Processos da Escola Nacional de Engenharia de Gabès.

2 Modelo digital

Nesta secção, apresentamos uma visão geral do software ANSYS Fluent que utilizámos para desenvolver as nossas simulações numéricas.

O cálculo numérico foi efectuado com o código de cálculo ANSYS Fluent versão R16.2, que utiliza o método dos volumes finitos. Apresentaremos brevemente a metodologia para resolver numericamente o modelo com o código "FLUENT", como mostra a Figura 3.1.

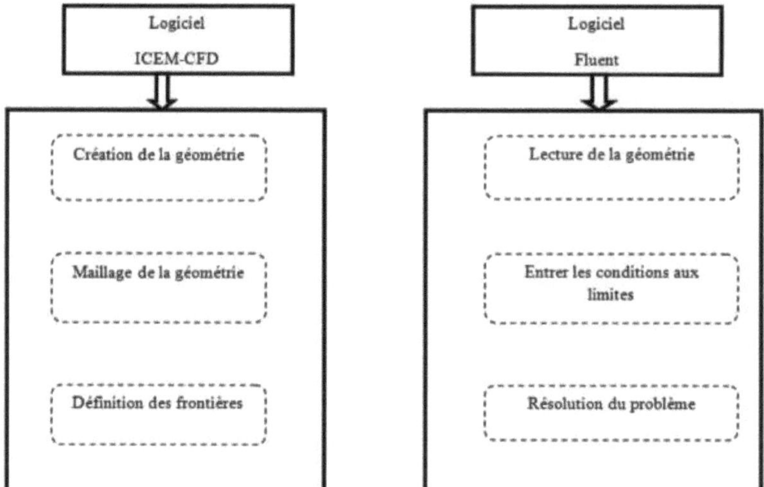

Figura 3.1: Procedimento numérico geral para a simulação utilizando os códigos de cálculo ICEM-CFD e Fluent

2.1 Geração de malha

Na simulação CFD, a geração de malhas é uma operação primitiva e complexa. Na maioria das vezes, é complicado gerar uma malha que seja compatível com a geometria exacta. Por conseguinte, a modificação da forma completa da geometria até um certo nível de aceitação é permitida até afetar as caraterísticas essenciais durante a análise CFD. Para a simulação numérica, a criação da geometria e a criação da malha são efectuadas pelo ICEM-CFD. O ICEM-CFD fornece uma segunda alternativa para a criação de malhas, que é necessária para produzir uma malha de boa qualidade para uma geometria complexa. O ICEM-CFD é um subconjunto do software comercial ANSYS-Fluent. Trata-se de uma ferramenta de criação de malhas completa, capaz de produzir geometrias complexas com pormenores intrincados. Permite a criação de malhas para uma dada geometria com malhas tetraédricas e hexaédricas, com a possibilidade de exportar um ficheiro de malha para vários softwares CFD.

2.2 Código CFD

ANSYS FLUENT é um modelador adaptativo de Dinâmica de Fluidos Computacional (CFD) que suporta simulação de transferência de calor e visualização de escoamento de fluidos.

Este código de cálculo tem capacidades de resolução de alto desempenho e pode estudar numericamente geometrias tridimensionais e bidimensionais, escoamentos turbulentos, transientes e laminares, e fluidos compressíveis e incompressíveis. O Fluent também é capaz de produzir escoamentos no estado líquido ou gasoso, podendo modificar as propriedades do fluido/sólido. O código de cálculo do Fluent utiliza o método dos volumes finitos. Ele lida com as equações que regem a conservação de massa, momento e energia. As fases de discretização são as seguintes:

> Divisão da geometria em volumes de controlo discretos utilizando uma grelha computacional. Integração das equações de controlo em volumes de controlo individuais para desenvolver equações algébricas para variáveis dependentes desconhecidas, como a temperatura, a velocidade e a pressão ...

> Linearização de equações discretizadas e solução do sistema de equações lineares resultante.

2.3 Procedimento de resolução numérica

Uma vez criada a geometria bidimensional e indicados os limites, a malha é exportada para que possa ser resolvida digitalmente e as equações integrais que definem a conservação da massa, do momento e da energia possam ser discretizadas.

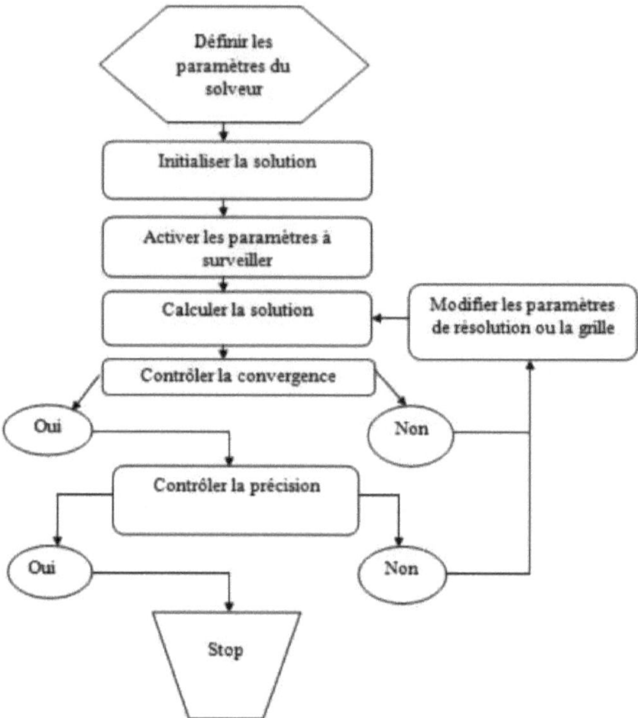

Figura 3. 2: Fase de resolução numérica utilizando o ANSYS Fluent

2.4 Escolha da formulação do solucionador

O ANSYS Fluent inclui dois tipos de solvers: o solver baseado em pressão e o solver baseado em densidade. O primeiro solver é originalmente utilizado para escoamentos de fluidos incompressíveis e fracamente compressíveis. O segundo é escolhido para escoamentos de fluidos compressíveis de alta velocidade. Embora ambos os solucionadores estejam bem desenvolvidos para orientar uma vasta gama de escoamentos, o solucionador baseado na densidade pode ainda ter uma vantagem sobre o solucionador baseado na pressão para escoamentos compressíveis de alta velocidade.

2.4.1 Solucionador baseado na pressão

No ANSYS Fluent, existem dois tipos de esquema de solução numérica baseada em pressão: o Algoritmo Segregado Baseado em Pressão e o Algoritmo Acoplado Baseado em Pressão. O primeiro lida com equação de conservação de massa, a equação de momento e a equação de energia, que são separadas umas das outras, e o outro resolve as equações governantes acopladas umas às outras. O algoritmo separado é mais eficiente porque pode armazenar as equações discretizadas uma vez na memória. A convergência dos resultados é relativamente lenta porque as equações são determinadas de forma desacoplada. O algoritmo acoplado espaço de memória, mas a convergência é muito melhor do que com o solver acoplado [52].

2.4.2 O solucionador baseado na densidade

O solucionador baseado na densidade trata as equações determinantes de uma forma acoplada. O sistema de equações acopladas pode ser tratado utilizando uma formulação acoplada explícita ou uma formulação acoplada implícita. A formulação implícita utiliza os valores existentes e desconhecidos nas células vizinhas para determinar o valor desconhecido numa célula específica para uma determinada variável. As equações devem então ser processadas simultaneamente, uma vez que os vários valores aparecem em várias equações do sistema.

A formulação explícita utiliza apenas o valor atual, o que significa que as equações não têm de ser definidas simultaneamente.

2.5 Regime de discrição

A discretização das equações consiste em transformar estas equações diferenciais forma de equações algébricas utilizando aproximações de derivadas. As variáveis de campo armazenadas nos centros das células devem ser interpoladas para as faces dos volumes de controlo, como mostra a seguinte equação [52] :

$$+ = {}^{-(v)} \Sigma N \text{ faces pfVf0f.Af} \Sigma N \text{ faces } r_0 V0f. \text{ Af} + S_0 V \text{ (3-1)}$$

Onde ρ é a densidade, 0 é a variável média no tempo, *so* é o termo fonte e t é o tempo.

O Fluent utiliza vários esquemas de interpolação para a discretização, nomeadamente

- ❖ Diagrama de vento ascendente *de primeira ordem*
- ❖ Diagrama de vento ascendente *de segunda ordem*
- ❖ Diagrama *de lei de potência*
- ❖ Esquema QUICK "*Quadratic Upwind Interpolation for Convective Kinetics*
- ❖ Esquema de Diferenciação *Central Limitada*
- ❖ *Esquemas monótonos centrados a montante para leis de conservação*".

2.5.1 Métodos de interpolação da pressão facial

de interpolação de pressão nas faces das células fornecidos pelo ANSYS Fluent são ❖ O esquema "*Standard*". ❖   O esquema "*PRESTO*".

- ❖ O diagrama Linear.
- ❖ O diagrama *de segunda ordem.*
- ❖ O diagrama *da força corporal ponderada.*

2.5.2 Escolha dos métodos de interpolação (Gradientes)

Os gradientes das variáveis são essenciais para estimar os fluxos difusivos, os desvios de velocidade e os parâmetros de discretização de ordem elevada. Os gradientes das variáveis nas células são determinados utilizando uma série de Taylor multidimensional. ❖ Os gradientes são avaliados no ANSYS Fluent utilizando os seguintes métodos [52]: Green-Gauss baseado em células

- ❖ Baseado em nós Green-Gauss
- ❖ mínimos quadrados baseados em células

2.5.3 Escolha do método de acoplamento pressão-velocidade

A resolução da equação da conservação do momento e da conservação da massa requer um campo de pressão e um campo de velocidade coerentes em todos os momentos.

Estão disponíveis quatro esquemas no ANSYS Fluent [52]:

- ❖ *SIMPLES "Método SEMI-IMPLÍCITO para equações LIGADAS À PRESSÃO":* Algoritmo por defeito.
- ❖ *SIMPLEC "SIMPLE-CONSISTENT":* assegura uma convergência mais rápida para modelos

simples (escoamentos laminares sem utilização de modelos físicos).

❖ *PISO "PRESSURE-IMPLICIT with Splitting of Operators"*: útil para malhas que contêm nós com uma assimetria "altamente enviesada" superior à média ou para escoamentos instáveis.

❖ *FSM " Fractional Step Method "*: é proposto para os escoamentos não estáveis. É utilizado com o algoritmo NITA e apresenta caraterísticas idênticas às do esquema PISO.

2.5.4 Inicialização

Com a escolha correta das condições de fronteira, a convergência é acelerada e a solução é estável.

2.5.5 Critério de convergência

Este critério é um caso específico de resíduos que especificam a convergência de um resultado iterativo. A convergência foi avaliada com base em três regras. Em primeiro lugar, os resíduos das equações do momento, da continuidade e da fração de volume. Estes são monitorizados e devem, de preferência, ser inferiores a $10^{(-6)}$ [50]. Nalgumas condições, o critério residual pode nunca ser cumprido, mesmo que a solução seja válida, e noutras, a solução pode ser incorrecta, mesmo que os resíduos sejam baixos.

A equação (3-2) descreve o cálculo do resíduo R [52] :

$$+ \$+ \mid R = \wedge|^{a}_{w} \, w \, ^{a}_{E} \, E \, Su - \, ^{a}_{p} 0 p \, (^{3-2})$$

2.6 Modelo matemático

Com o objetivo de estudar o desempenho de uma máquina de refrigeração mecânica por compressão de vapor acoplada a um sistema de produção de água quente, não só a estudos experimentais mas também à simulação numérica. Esta última oferece a flexibilidade necessária estudar o desempenho do sistema e o efeito dos vários parâmetros geométricos do condensador e do tanque. É também possível monitorizar a distribuição da temperatura e da velocidade da água no tanque durante o período de aquecimento. Para atingir estes objectivos, podem ser consideradas várias técnicas para modelar uma máquina de refrigeração acoplada a uma unidade de aquecimento de água.

2.6.1 Modelo de funcionamento dos frigoríficos domésticos

Os estudos relativos a um frigorífico doméstico acoplado a um esquentador são frequentemente acompanhados de vários modelos. Alguns simulam o princípio de funcionamento do sistema completo e outros simulam cada componente independentemente do resto do equipamento. Nesta secção, analisamos a modelação do evaporador, condensador, válvula de expansão e compressor no ciclo mecânico de compressão de vapor, bem como a modelação do depósito de armazenamento de água.

2.6.1.1 Modelo do evaporador

O evaporador é o componente principal de um sistema de refrigeração. É colocado no meio a ser arrefecido. O meio emite calor a uma temperatura mais elevada do que o refrigerante. Assim, a energia térmica é transferida do meio a arrefecer para o refrigerante. O refrigerante no interior do tubo aquece, provocando a sua vaporização.

- Estado de funcionamento do evaporador

Na entrada do permutador de calor (evaporador), o fluido frigorigéneo R134a encontra-se no estado de uma mistura líquido-vapor (fluxo bifásico) a baixa pressão e baixa temperatura. À saída, o fluido frigorigéneo é um vapor sobreaquecido (fluxo monofásico) a baixa pressão, como se mostra na Figura 3.3.

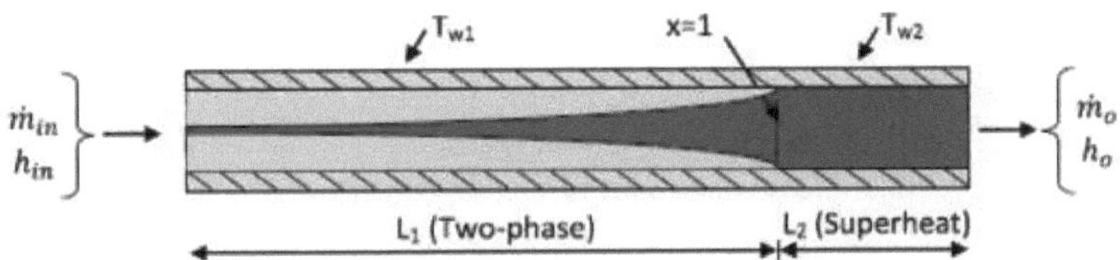

Figura 3.3: Evaporador com dois regimes de fluxo de refrigerante [2].

Consequentemente, o evaporador será modelado de acordo com estes dois tipos de fluxo (monofásico e bifásico).

Para cada tipo de fluxo, a potência recebida pelo refrigerante (R134a) no evaporador é dada por :

$$Q_e = \dot{m}_r \cdot \left(h_{e,r,o} - h_{e,r,i}\right) \tag{3-3}$$

A quantidade de energia perdida pelo fluido externo (ar) é ganha pelo refrigerante (R134a) e determinada pela seguinte equação:

$$Q_a = \dot{m}_a \cdot \left(h_{e,a,o} - h_{e,a,i}\right) \tag{3-4}$$

De um modo geral, a quantidade total de energia a ser transferida é dada pela seguinte relação

$$Q_e = Q_a = U_e \cdot A_e \cdot \Delta T_e \tag{3-5}$$

2.6.1.2 Modelo do compressor

A principal função do compressor no ciclo de refrigeração por compressão de vapor é aspirar o refrigerante sob a forma de vapor sobreaquecido a baixa pressão e baixa temperatura e descarregá-lo a alta pressão e alta temperatura para um permutador de calor (condensador). Neste estudo, assumiremos que o compressor é isentrópico (adiabático reversível).

Ao modelar o compressor, há três parâmetros importantes a determinar: caudal mássico de refrigerante (m_r), consumo de energia eléctrica (W_{co}) e eficiência (η_{co}).

O caudal mássico de refrigerante à saída do compressor é calculado da seguinte forma:

$$\dot{m}_r = \eta_v \cdot \frac{V_h}{3600 v_g} \tag{3-6}$$

Em que η_v é a eficiência volumétrica, $^\wedge$ é o deslocamento do compressor e V_s é o volume de massa de aspiração.

A eficiência volumétrica do compressor é calculada pela seguinte equação :

$$\eta_v = \frac{V_{c,r}}{V_{c,t}} \tag{3-7}$$

Em que $V_{c,r}$ é o volume de compressão efetivo e $V_{c,t}$ é o volume de compressão teórico.

A equação seguinte é utilizada para determinar a energia eléctrica consumida pelo compressor:

$$P_c = \frac{\dot{m}_r \left(h_{c,r,f} - h_{c,r,i}\right)}{\eta_c} \tag{3-8}$$

A eficiência do compressor é calculada através da seguinte fórmula:

$$\eta_c = \frac{P_{ff}}{P_{ec}} \tag{3-9}$$

Onde P_{ff} é a potência fornecida ao refrigerante e P_{ec} é a energia eléctrica consumida. Nestas condições, a potência fornecida ao refrigerante é calculada pela seguinte fórmula:

$$P_{ff} = m_r \cdot (m_{c,r,f} - m_{c,r,i}) \tag{3-10}$$

2.6.1.3 Modelo de regulador

A válvula de expansão é um dispositivo que expande isentálcamente o refrigerante que sai do condensador para o estado líquido. Ao sair da válvula de expansão, o refrigerante estará no estado de uma mistura líquido-vapor (fluxo de duas fases). Neste estudo, assumiremos que o processo de expansão é isentálpico; a entalpia na entrada e na saída da válvula de expansão são iguais.

$$= (h)_{ev,r,i} \; h_{ev,r,o}$$

- **Princípio do modelo**

Para a modelação, escolhemos uma válvula de expansão do tipo capilar, que é um $\tag{3-11}$ dispositivo cilíndrico com um diâmetro muito pequeno e um comprimento longo.

Consequentemente, com utilização um tubo muito longo com um diâmetro pequeno, existem duas razões fundamentais que produzem perdas de pressão no tubo:

- Uma vez que o diâmetro do tubo (redutor de pressão) é muito pequeno e o comprimento é muito longo, ocorre perda de pressão.
- O líquido saturado (caudal monofásico) que sai do condensador é transformado numa mistura líquido-vapor (caudal bifásico) quando entra evaporador. Uma vez que o caudal mássico do refrigerante é constante, a sua densidade diminui devido à formação de vapor. Isto leva a uma velocidade muito elevada no interior do tubo e também ocorre uma perda de pressão por aceleração.

A Figura 3.4 mostra uma válvula de expansão do tipo capilar conectada entre a saída do condensador e a entrada do evaporador. O fluxo de refrigerante no interior do tubo capilar em dois regimes de fluxo: fluxo monofásico (fase líquida sub-arrefecida) e fluxo bifásico (fase líquido-vapor).

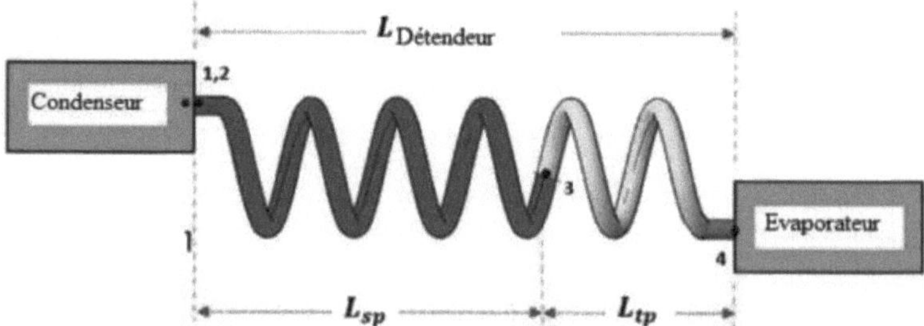

Figura 3.4 Regime de fluxo de refrigerante na válvula de expansão do tipo capilar [53].

2.6.1.4 Modelo de condensador

O condensador é um permutador de calor localizado no ambiente exterior a uma temperatura inferior à do refrigerante. Transfere a energia térmica do refrigerante para o ambiente exterior. O refrigerante arrefece, provocando a sua condensação. São obtidos quatro níveis de temperatura no condensador: as temperaturas de entrada e de saída do refrigerante (T_{ce} e T_{cs}) e as temperaturas de entrada e de saída do meio de arrefecimento (T_{fe} e T_{fs}), como se mostra na Figura 3.5.

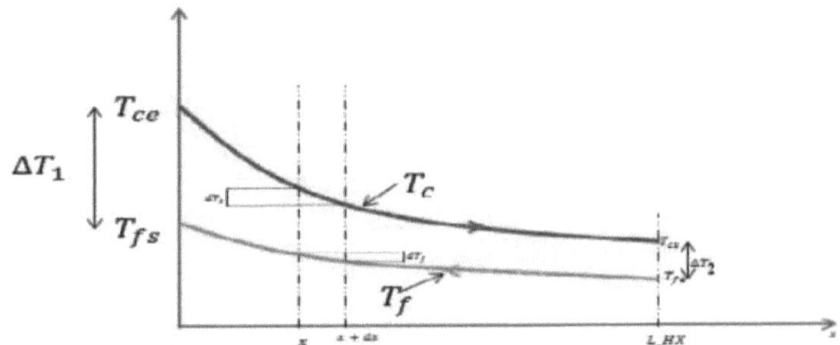

Figura 3.5: Diagrama da variação das temperaturas do refrigerante e do fluido externo ao longo do condensador

Dependendo da mudança de fase do fluido frigorigéneo no interior do condensador, este último divide-se em três zonas diferentes: vapor sobreaquecido, mistura de um líquido com vapor e líquido sub-arrefecido, como se mostra na Figura 3.6.

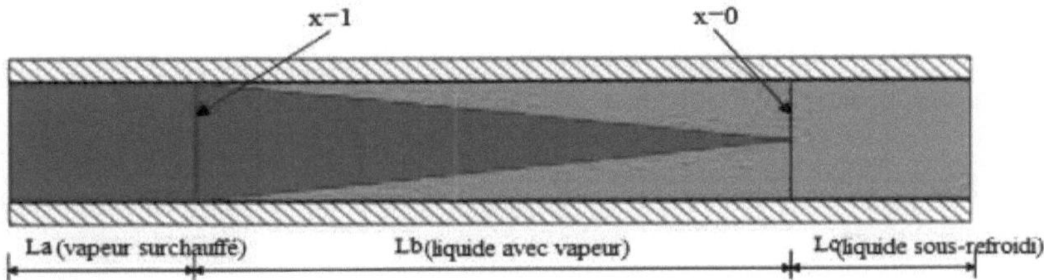

Figura 3.6 Diagrama de um condensador com três zonas de refrigerante [9].

2.6.1.4.1 Método de modelação e cálculo

Para cada zona do condensador, a equação de conservação de energia é descrita da seguinte forma:

$$Q_c = \dot{m}_r \cdot \left(h_{c,r,i} - h_{c,r,o}\right) \tag{3-12}$$

A energia transferida para a água é calculada através da seguinte fórmula:

$$Q_w = Cp_w \cdot \dot{m}_w \cdot \left(T_{w,o} - T_{w,i}\right) \tag{3-13}$$

A equação de transferência de calor é a seguinte:

$$Q_w = Q_c = U_c \cdot A_c \cdot \left(T_{c,r} - T_w\right) \tag{3-14}$$

Onde U_c é o coeficiente total de transferência de calor, A_c é a área de superfície do condensador, $T_{c,r}$ é a temperatura do refrigerante no condensador e T_w é a temperatura da água.

O coeficiente total de transferência de calor é determinado a partir da seguinte equação :

$$U_c = \left(\frac{d_{c,o}}{a_{c,r}d_{c,i}} + \frac{1}{a_w} + \frac{d_{c,o}}{2\lambda_c}\ln\frac{d_{c,o}}{d_{c,i}}\right)^{-1} \tag{3-15}$$

Onde a_w é o coeficiente de transferência de calor do lado da água, $a_{c,r}$ é o coeficiente de transferência de calor do lado do refrigerante, $d_{c,i}$ e $d_{c,o}$ são os diâmetros interior e exterior do tubo e λ_c é a condutividade térmica do tubo de cobre.

O coeficiente de transferência de calor do lado da água pode ser calculado a partir desta teoria:

$$\alpha_w = \frac{Nu_{w,d} \cdot \lambda_w}{d_{c,o}} \tag{3-16}$$

Onde $Nu_{w,d}$ é o número de Nusselt. O número de Nusselt pode ser calculado com base diâmetro exterior do tubo do condensador e é dado por :

$$Nu_{w,d} = 0.290 \cdot \left(Ra_{w,d}\right)^{0.293} \text{ pour } \quad 4 \times 10^3 \leq Ra_{w,d} \leq 1 \times 10^5 \tag{3-17}$$

O número de Rayleigh pode ser escrito como :

$$Ra_{w,d} = \frac{g\beta\Delta T_w d_{c,o}^{\;3}}{v_w a_w} \tag{3-18}$$

Onde g é a aceleração da gravidade, β é o coeficiente de expansão térmica, ΔT-w é a diferença de temperatura da água no tanque, v_w é a viscosidade cinemática e a_w é o coeficiente de difusão térmica.

O coeficiente de transferência de calor $a_{c,r}$ no lado do refrigerante é determinado por :

$$\alpha_{c,r} = \frac{Nu_{c,r} \lambda_{c,r}}{d_{c,i}} \tag{3-19}$$

A transferência de calor no lado do refrigerante é dividida em três zonas, como se mostra na Figura 3.6. O coeficiente de transferência de calor por convecção $a_{c,r}$ é diferente em cada zona de fluxo e pode ser dividido da seguinte forma $a_{sh,c}$, $a_{tp,c}$ e $a_{sc,c}$.

O coeficiente de transferência de calor por convecção em funcionamento monofásico,

$$Nu_{c,r} = 0.023 Re_{c,r}^{0.8} Pr_{c,r}^{0.4} \delta^{0.1} \tag{3-20}$$

$$\alpha_{sh,c} = \frac{Nu_{sh,c,r} \lambda_{sh,c,r}}{d_{c,i}} \tag{3-21}$$

$$\alpha_{sc,c} = \frac{Nu_{sc,c,r} \lambda_{sc,c,r}}{d_{c,i}} \tag{3-22}$$

No regime de duas fases, o coeficiente de transferência de calor ($a_{tp,c}$) é determinado pela seguinte correlação:

$$\alpha_{tp,c} = 1.3\alpha_{sc,c}\left[(1-x)^{0.8} + \frac{3.8x^{0.76}(1-x)^{0.04}}{Pr_{tp,c,r}^{0.38}}\right] \tag{3-23}$$

Onde a_{sc} é o coeficiente de transferência de calor no condensador (líquido sub-arrefecido), x é o teor de vapor da mistura bifásica e $Pr_{tp,c,r}$ é o número de Prandtl numa mistura líquido-vapor.

2.6.1.4.2 Pressupostos do modelo

Foram adoptadas hipóteses para facilitar a aplicação deste modelo:

•   A geometria tridimensional do condensador imerso num tanque de água pode ser simplificada num modelo bidimensional axissimétrico, como mostra a Figura 3.7.

•   A forma helicoidal do condensador foi simplificada para vários círculos num plano de simetria.

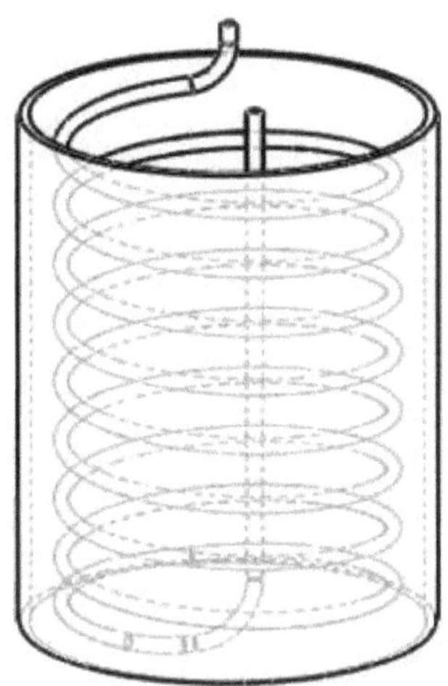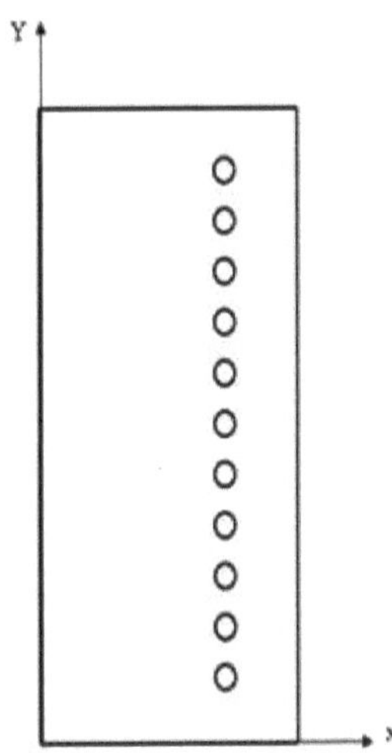

(a) Projeto 3D de um de água com um condensador totalmente imerso
(b) Projeto 2D de um de água com um condensador totalmente
Figura 3. 7: Apresentação da geometria

2.6.1.4.3 Modelo teórico do comprimento do condensador

Em termos de dimensionamento de um permutador de calor, um estudo numérico é tido em conta porque é mais rápido e mais eficiente para identificar os vários fenómenos físicos e transferências de calor. Permite-nos também minimizar o custo dos ensaios experimentais. Para a modelação, seguimos o método detalhado no nosso artigo anterior **[54]**.

Nestas condições, a capacidade de arrefecimento é definida por :

$$Q_r = \dot{m}_w \cdot Cp_w \cdot \Delta T \tag{3-24}$$

Com :

rii_w: O caudal mássico de água $^{kg}/_s$

Cp_w: O calor específico da água $^{kJ}/_{kg \cdot k}$

ΔT: A diferença de temperatura da água em k

A energia de evaporação é calculada através da seguinte fórmula:

$$Qe = h_2 - h_3 \quad en \ ^{kJ}/_{Kg} \tag{3-25}$$

O caudal mássico do fluido frigorigéneo R134a é definido pela seguinte expressão :

$$\dot{m}_r = {}^{P_{cr}}/_Q \tag{3-26}$$

A expressão seguinte utilizada para determinar o caudal de água de arrefecimento do condensador $rii_{(cw)}$:

$$\dot{m}_{cw} = \frac{\dot{m}_r \cdot (h_2 - h_3)}{Cp_{cw} \cdot (t_{cw2} - t_{cw1})} \tag{3-27}$$

Em que: $\dot{m}ir$: Caudal mássico do refrigerante enk $^{kg}/_s$

h_2 e h_3: A entalpia de massa à entrada e à saída do condensador em kJ/kg

$Cp_{(cw)}$: Calor específico da água em $kJ/kg \cdot k$

t_{cw1} e t_{cw2} : A temperatura da água de arrefecimento à entrada e à saída do condensador, em kelvin (k).

m^3/s O caudal volúmico da água de arrefecimento do condensador $V_{(cw)}$ at é escrito do seguinte modo

$$\dot{V}_{cw} = \frac{\dot{m}_{cw}}{\rho_{cw}} \tag{3-28}$$

Com

mcw: Caudal mássico da água de arrefecimento do condensador, em kg/s

pcw: Densidade da água em $kg/_{m3}$

A velocidade da água de arrefecimento em m/s é dada pela seguinte expressão:

$$V_{cw} = \frac{4 \cdot \dot{V}_{cw}}{(3.14 \cdot (do^2 - di^2))} \tag{3-29}$$

Onde: d_0: Diâmetro externo do tubo do condensador em m.

d_i : Diâmetro interno do tubo do condensador em m.

Sabendo que a temperatura da água de arrefecimento à entrada do condensador é dada por $T_{(cw1)}$ em (°C) e que a temperatura da água de arrefecimento à saída do condensador é dada por T_{cw2} em (°C), podemos deduzir a temperatura média :

$$T_{moy} = \frac{t_{cw1} + t_{cw2}}{2} \tag{3-30}$$

Para esta temperatura média T_{avg}, as propriedades termo-físicas da água são determinadas utilizando o software Engineering Equation Solver (EES).

Determinação do coeficiente de transferência de calor $(à_0)$ da água:

O número de Reynolds é definido com base nas propriedades termo-físicas da água. Para o escoamento no exterior do tubo, temos :

$$Re = \frac{\rho VD}{\mu} \tag{3-31}$$

Com: ρ densidade do fluido, V velocidade caraterística do fluido (velocidade a uma distância da parede), D diâmetro do tubo, μ viscosidade dinâmica.

Para calcular o número de Prandtl do fluxo externo do tubo, utilizamos a seguinte fórmula:

$$Pr = \frac{\mu Cp}{\lambda} \tag{3-32}$$

Com

μ a viscosidade dinâmica, C_p a capacidade térmica mássica a pressão constante, λ a condutividade térmica.

Para calcular o número de Nusselt, utilizamos a equação de Dittus-Boelter:

$$Nu = 0.023 * Re^{0.8} * Pr^{0.3} = \left(\frac{h_0 D}{\lambda}\right) \tag{3-33}$$

Com :

Re: Número de Reynolds

Pr: Número de Prandtl

O coeficiente de transferência de calor é escrito como :

$$h_0 = \frac{Nu \cdot \lambda}{D} \tag{3-34}$$

Com :

Nu: Número de Nusselt.

λ: Condutividade térmica da água em $W/_{m.k}$

D: Diâmetro externo do tubo em m

Determinação do coeficiente de transferência de calor (h_i) do fluido refrigerante R134a:

Sabendo que Re é o número de Reynolds do escoamento no interior do tubo e dado pela seguinte expressão :

$$Re = \frac{\rho V D}{\mu} \tag{3-35}$$

Para calcular o número de Prandtl para o fluxo interno do refrigerante, utilizamos a seguinte fórmula:

$$Pr = \frac{\mu Cp}{\lambda} \tag{3-36}$$

A equação proposta por Dittus-Boelter é utilizada para calcular o número de Nusselt:

$$Nu = 0.023 * Re^{0.8} * Pr^{0.3} = \frac{hD}{\lambda} \tag{3-37}$$

$$h_i = \frac{Nu \cdot \lambda}{D} \tag{3-38}$$

Com :

h: Coeficiente de transferência de calor no lado do refrigerante em $W/_{m^2 K}$

λ: Condutividade térmica do refrigerante em $W/_{m.k}$

D: Diâmetro interno do tubo em m

μ: Viscosidade dinâmica do refrigerante em Pa. s

Cp: Calor específico do refrigerante em $J/_{Kg.K}$

ρ : Densidade do refrigerante em $Kg/_{m^3}$

V: Velocidade do refrigerante no interior do tubo em $m/_s$

Para avaliar o desempenho de um permutador de calor em condições de estado estacionário, a diferença de temperatura média logarítmica DTLM pode ser escrita da seguinte forma:

$$DTLM = \frac{\Delta\theta_1 - \Delta\theta_2}{Ln(\frac{\Delta\theta_1}{\Delta\theta_2})} \tag{3-39}$$

As diferenças de temperatura são :

$$\Delta\theta_1 = |T_{f.s} - T_{eau.e}| \qquad (3\text{-}40)$$

$$\Delta\theta_2 = |T_{f.e} - T_{eau.s}| \qquad (3\text{-}41)$$

O coeficiente total de transferência de calor *(Uo)* pode ser escrito da seguinte forma:

$$U_0 = \frac{1}{\frac{1}{h_i}+\frac{1}{h_o}+\frac{e}{\lambda}} \qquad (3\text{-}42)$$

Com :

h_i : Coeficiente de convecção térmica do lado do refrigerante.

h_o: Coeficiente de convecção térmica do lado da água.

e: espessura da parede.

λ: condutividade térmica.

Consequentemente, o comprimento do condensador pode ser escrito como :

$$Q = U_0 \cdot A \cdot \theta_m \qquad (3\text{-}43)$$

$$Q = U_0 \cdot (3.14 \cdot D \cdot L) \cdot (\Delta\theta_1 - \Delta\theta_2) \qquad (3\text{-}44)$$

$$L = \frac{Q}{U_0 \cdot 3.14 \cdot D \cdot (\Delta\theta_1 - \Delta\theta_2)} \qquad (3\text{-}45)$$

Com :

Q: Energia trocada entre a água e o refrigerante no condensador em W

U_0: Coeficiente global de transferência de calor em W. $m^{(-2)}k^{-1}$

D: Diâmetro externo do tubo em m

$\Delta\Theta1$ e $\Delta\Theta2$: Diferenças de temperatura entre os dois fluidos (refrigerante e fluido externo, expressas em °C).

2.6.1.5 Modelação do de água

Para um condensador arrefecido por convecção natural da água, o refrigerante que circula no interior do tubo é arrefecido pela água que circula no exterior do tubo. Por conseguinte, para facilitar a modelação, são tidos em conta um grande número e variedade de hipóteses que estão disponíveis em trabalhos recentes. Note-se que as hipóteses escolhidas no nosso modelo matemático são selecionadas pela sua capacidade de reproduzir os resultados experimentais. Para simplificar este problema, o modelo foi adotado como se mostra na Figura 3.8.

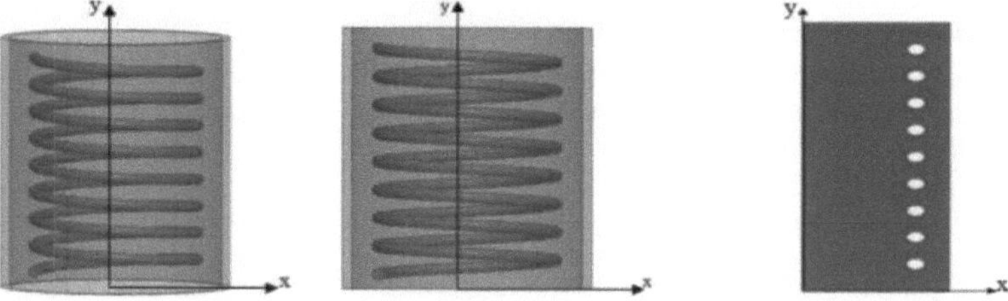

(a) Projeto de reservatório 3D (b) Projeto de reservatório 2D (c) Projeto 2D axissimétrico

Figura 3. 8: Modelo simplificado do de água com um condensador totalmente imerso

[50].

Pressupostos do modelo

O modelo de reservatório de água é desenvolvido com base nos seguintes pressupostos:

- A conceção do de água em 3D é simplificada em 2D axissimétrico.

- O volume de água quente no depósito é preservado, ou seja, não é consumida água quente durante o período de aquecimento.

- O tamanho do reservatório de água quente é escolhido de acordo com o requisito mínimo para o fornecimento de água quente.

- Assume-se que o escoamento do fluido é bidimensional, instável e laminar.

- A hipótese de Boussinesq é utilizada para modelar o escoamento de fluidos com convecção natural.

- As extremidades do tanque são adiabáticas, ou seja, o tanque está bem isolado e a perda de calor do tanque para o ambiente é negligenciada (não há perda de calor da parede do tanque para a atmosfera).

2.6.2 Método de acoplamento do frigorífico ao aquecedor de água

Para emparelhar um frigorífico doméstico com um aquecedor de água, foram dados os seguintes passos:

- **Passo 1:** Definir um fluxo de calor inicial $q(t)_0$ a partir dos ensaios experimentais.

- **Fase 2 :** Executar o código CFD em modo transiente durante todo o tempo de aquecimento.

- **Fase 3 :** Obter o perfil de velocidade $v(t)$ e o perfil de temperatura $T(t)$ da água.

- **Fase 4 :** Um novo fluxo de calor $q(t)_i$ é determinado utilizando o programa MATLAB.

- **Estágio 5 :** Obter um fluxo de calor $q(t)_i$ que varia em função do tempo ao longo da tempo de aquecimento.

$$q(t)_i = A.t^3 + Bt^2 + C.t + D \tag{3-46}$$

- **Passo 6:** Um novo fluxo de calor $q(t)_i$ encontrado é então carregado no código CFD como uma condição de fronteira para o condensador helicoidal, a fim de obter as novas informações do lado da água.

- **Etapa 7:** Obter o perfil de temperatura da água, a velocidade da água, a transferência de calor e o coeficiente de desempenho do sistema.

2.6.3 Determinação da quantidade de água a aquecer pelo condensador

O método seguinte foi utilizado para otimizar a quantidade de água a aquecer diariamente, utilizando o calor residual do condensador:

No permutador de calor (condensador), o calor fornecido pelo refrigerante é ganho pela água.

$$Q_c = Q_{eau} \tag{3-47}$$

Sabendo que :

$$COP \cdot P_{comp} \cdot t \cdot \eta = m_{eau} \cdot Cp \cdot \Delta T \tag{3-48}$$

Com :

COP: Coeficiente de desempenho do condensador

P_c : Potência do compressor

t: Tempo de funcionamento do compressor

η: Eficiência de armazenamento de calor.

$m_{água}$: Quantidade de água a aquecer diariamente em kg

Cp: Calor específico da água $J/_{kg.°C}$

ΔT: Alteração da temperatura da água, do estado inicial para o estado final, no condensador, em °C Para a determinação da eficiência do armazenamento de calor na água, é utilizada a seguinte fórmula:

$$\eta = Q_s/Q_a \tag{3-49}$$

Com :

Q_s: Quantidade de calor armazenada pela água

Q_a: Quantidade de calor total recebido pela água

Assim, as duas quantidades de calor podem ser escritas como :

$$Q_a = P_{comp} \cdot COP \cdot t \tag{3-50}$$

$$Q_s = Q_{abs} - Q_p \tag{3-51}$$

Com :

Q_p: quantidade de calor perdido pela água

P_{comp}: Potência do compressor

A quantidade de calor perdida pela água no condensador pode expressa como :

$$Q_p = U \cdot \Delta T \cdot t \tag{3-52}$$

Com :

ΔT: Diferença de temperatura da água no tanque.

t: Tempo de funcionamento do compressor

U : Coeficiente de perda de calor

Para determinar o coeficiente de perda de calor, utilizamos a seguinte equação

$$U = \frac{\rho \cdot Cp \cdot V}{\Delta t} \cdot \ln\left(\frac{T_i - T_{am}}{T_f - T_{am}}\right) \tag{3-53}$$

Com

ρ: Densidade da água em $Kg/_{m^3}$

Cp: Calor específico da água em $J/_{Kg.°C}$

V: Volume de água em m³

Δt : Período de funcionamento do compressor

T_{am}: Temperatura ambiente em °C

T_i e T_f : Temperaturas inicial e final da água no condensador, respetivamente em °C

O resultado é :

$$\eta = \frac{P_c \, COP \, t - U \, \Delta T \, t}{P_c \, COP \, t} \tag{3-54}$$

A variação da temperatura da água é definida por :

$$\Delta T = \frac{P_{comp} \, COP \, t}{U \, t + m_{eau} \, Cp} \tag{3-55}$$

Assim, para determinar a massa de água a aquecer diariamente, utilizamos a seguinte fórmula:

$$M_{eau} = \frac{P_{comp} \, COP \, t}{\Delta T \left(\frac{Cp}{\Delta t} \ln\left(\frac{T_i - T_{amb}}{T_f - T_{amb}}\right) t + Cp\right)} \tag{3-56}$$

2.7 Método numérico

Neste estudo, simulámos um modelo teórico utilizando o código ANSYS Fluent para ter em conta a geometria do condensador, o depósito de água e, sobretudo, a transferência de calor entre o refrigerante no condensador e a água no depósito. Através de um modelo matemático, determina-se a variação da temperatura e da velocidade da água. A transferência de calor e o coeficiente de desempenho do sistema também podem ser estudados. Para estudar o comportamento térmico do condensador e o seu acoplamento com um reservatório de água, utilizámos o código comercial ANSYS Fluent, que é adequado para resolver as equações de conservação em condições variáveis e para ter em conta o acoplamento no frigorífico doméstico estudado.

2.7.1 Equações de governo

O fluxo convectivo do refrigerante no interior do condensador e da água no tanque de armazenamento é modelado com base nos princípios de conservação de massa, momento e energia. Com base nos pressupostos adoptados, as equações que regem o modelo podem ser escritas, em forma cartesiana, da seguinte forma

Equação da continuidade

$$\frac{\partial U_x}{\partial x} + \frac{\partial U_y}{\partial y} = 0 \tag{3-57}$$

Sendo que u e v representam as componentes da velocidade do fluido nas direcções x e y, respetivamente

A equação do momento é escrita ao longo eixo (ox) :

$$\frac{\partial U_x}{\partial t} + U_x \frac{\partial U_x}{\partial x} + U_y \frac{\partial U_x}{\partial y} = -\frac{1}{\rho wo} \frac{\partial P}{\partial x} + v_w \left[\frac{\partial^2 U_x}{\partial x^2} + \frac{\partial^2 U_x}{\partial y^2} \right] \tag{3-58}$$

Ao longo do eixo (oy), escrevemos :

$$\frac{\partial U_y}{\partial t} + U_x \frac{\partial U_y}{\partial x} + U_y \frac{\partial U_y}{\partial y} = -\frac{1}{\rho wo} \frac{\partial P}{\partial y} + v_w \left[\frac{\partial^2 U_y}{\partial x^2} + \frac{\partial^2 U_y}{\partial y^2} \right] - g\beta(T_w - T_{wo}) \tag{3-59}$$

A equação da conservação da energia pode ser escrita como

$$\frac{\partial T}{\partial t} + U_x \frac{\partial T}{\partial x} + U_y \frac{\partial T}{\partial y} = \lambda_w \left[\frac{\partial^2 T}{\partial x^2} + \frac{\partial^2 T}{\partial y^2} \right] \tag{3-60}$$

2.7.2 Condições iniciais e de fronteira

- Condições iniciais

Como se pode ver na Figura 3.9, o condensador tem uma forma helicoidal, totalmente imerso no de água durante estudo experimental. Na modelação CFD, o condensador é considerado como pequenos círculos num plano. O fluxo de calor libertado pelo condensador é determinado a partir dos resultados experimentais e adicionado ao modelo CFD como condições iniciais. A temperatura inicial da água é da ordem dos 20°C e a temperatura ambiente é de 21°C. É também definida uma componente de aceleração (aceleração da gravidade g=9,81 m.s$^{-2)}$.

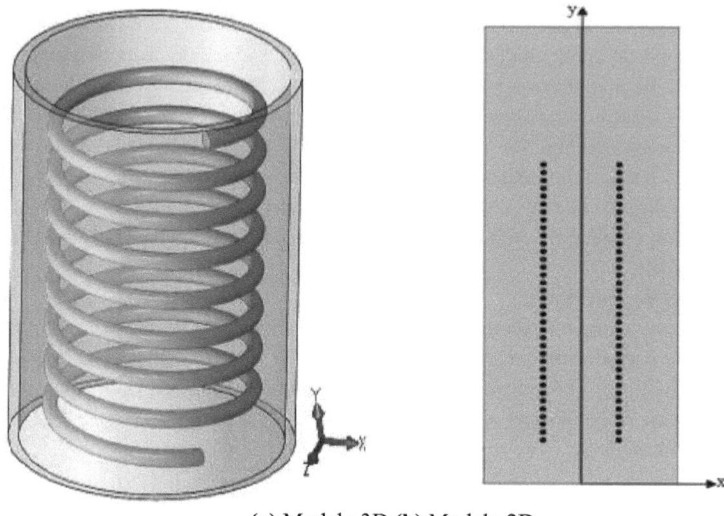

(a) Modelo 3D (b) Modelo 2D

Figura 3. 9: Depósito de água com um condensador helicoidal totalmente imerso [55].
No início da simulação, a velocidade da água no interior do tanque, a densidade, a pressão e a temperatura são consideradas constantes. Os parâmetros iniciais do modelo são os apresentados na Figura 3.10.

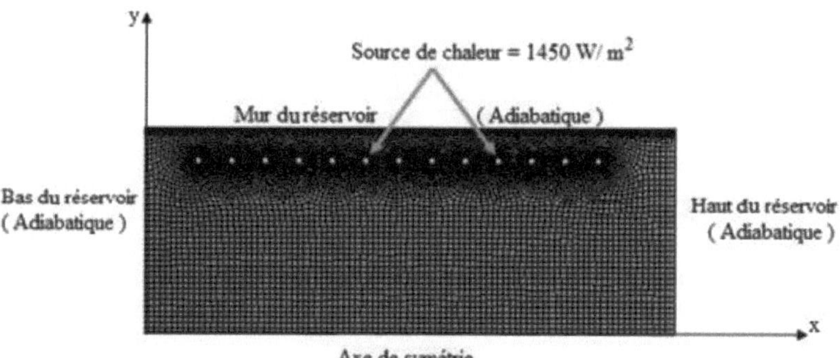

Figura 3. 10: Condições de fronteira numa configuração 2D tidas em conta durante a simulação

- Condições de fronteira

Para a modelação, foi selecionada uma simulação baseada na técnica dos volumes finitos. Esta última é efectuada para duas condições: fluxo de calor variável no tempo, calculado através da implementação da UDF (User Defined Function) do Fluent, e fluxo constante. O método "SIMPLE" é utilizado para o acoplamento pressão-velocidade com uma discretização espacial de segunda ordem para a energia e o momento. O método PRESTO é utilizado para tratar a pressão. Os factores de sub-relaxamento para as equações de energia, pressão e momento são 1, 0,3 e 0,7, respetivamente. Os resultados são analisados quando os critérios de convergência (fixados em 10^{-6}) sobre os resíduos das equações resolvidas são atingidos. No bordo "Botton, Top and Wall", é imposta uma condição do tipo "adiabática". No eixo de simetria da albufeira, é imposta uma condição do tipo "Eixo", como mostra a Tabela 3.1.

Quadro 3.1 Parâmetros de base utilizados nas simulações

Baixa	Adiabático
Topo	Adiabático
Parede	Adiabático
Axissimetria	Eixo
Condensador	Fluxo de calor variável + UDF/ fluxo de calor constante

As propriedades termofísicas da água são determinadas utilizando o software Engineering Equation Solver (EES) com base na relação entre a temperatura e a pressão obtida a partir da experiência efectuada. A Tabela 3.2 destaca as principais propriedades utilizadas.

Tabela 3.2: Propriedades físicas da água utilizadas na simulação CFD

Propriedades da água	Símbolo	Valor	Unidade	Método
Densidade	ρ	994	kg/m^3	Boussinesq
Calor específico	Cp	4183	J/(kg.K)	Constante
Condutividade térmica	λ	0.6107	W/(m. K)	Constante
Viscosidade dinâmica	μ	0.0007196	kg/(m. s)	Constante
Coeficiente de expansão térmica	β	0.000347	1/K	Constante

2.7.3 Modelação CFD (Computational Fluid Dynamics)

2.7.3.1 Criar a geometria

A Figura 3.9 mostra a disposição geométrica do tanque protótipo com um condensador helicoidal totalmente submerso. A fim de simplificar o modelo, são feitas algumas suposições. A altura do condensador helicoidal na direção vertical do tanque é pequena e pode ser negligenciada. As voltas do condensador são assumidas como pequenos círculos alinhados no plano de simetria. Além disso, como observamos, a geometria 3D do tanque de água pode ser simplificada para um modelo 2D axissimétrico. Portanto, no nosso caso, trabalharemos em 2D axissimétrico no plano XY para criar a geometria. A geometria do tanque foi criada usando o ANSYS Design Modeler. A Figura 3.11 mostra as dimensões escolhidas para criar a geometria em questão.

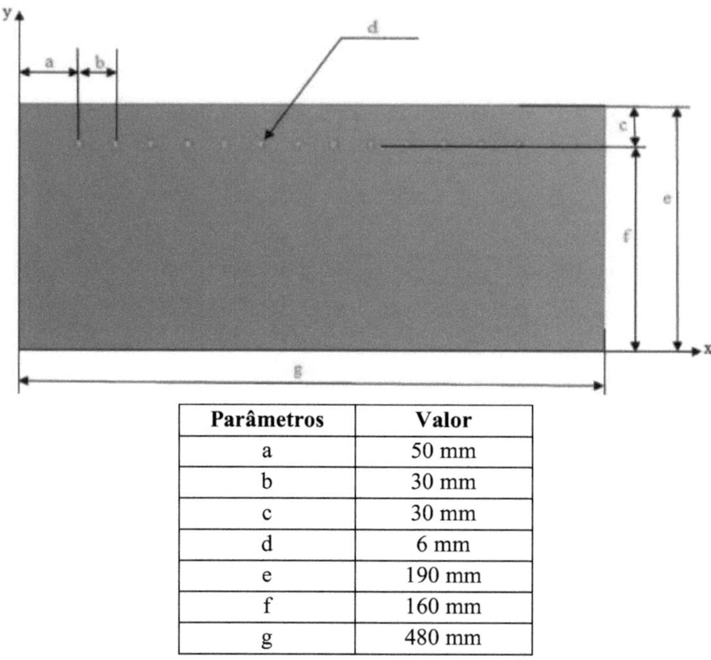

Parâmetros	Valor
a	50 mm
b	30 mm
c	30 mm
d	6 mm
e	190 mm
f	160 mm
g	480 mm

Figura 3. 11. Geometria criada com o Design-Modeler

2.7.3.2 Malha CFD

Nesta secção, apresentamos uma validação do modelo matemático, analisando a independência do tamanho da malha e do passo de tempo, e comparando os nossos resultados numéricos com resultados experimentais.

Malha bidimensional

A malha bidimensional da geometria do reservatório é produzida utilizando o software ANSYS Fluent versão R16.2. Contém 3000 nós com uma malha não estrutural com volumes triangulares e quadrilaterais pertencentes ao domínio. Esta malha pode garantir uma melhor convergência e uma maior resolução. A influência da malha na simulação é sistematicamente verificada no início das simulações. Os resultados apresentados são independentes da malha. Além disso, a influência do passo de tempo no cálculo é testada para passos de tempo iguais a 0,1 s, 0,5 s, 1 s e 10 s. Além disso, todos os cálculos do Fluent são efectuados com dupla precisão. A Figura 3.12 apresenta uma visão geral da malha utilizada.

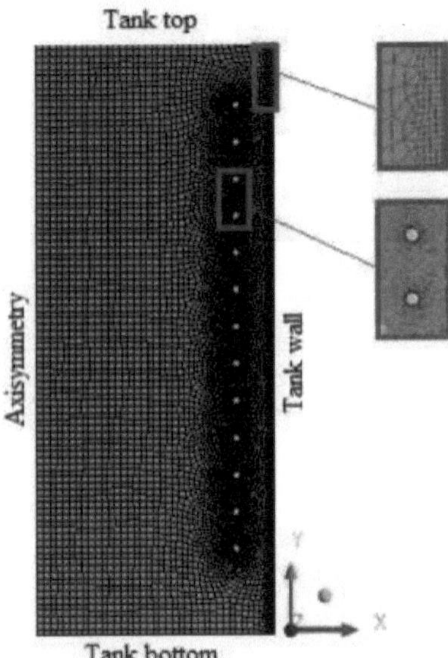

Figura 3. 12. Malha da geometria utilizada

Efeito da malha Antes de utilizar o modelo numérico, é muito importante analisar o efeito da malha. Para o efeito, foram estudadas quatro malhas correspondentes a um número total de 4162, 24202, 58989 e 122005 nós. A variação da temperatura da água na albufeira é escolhida para comparação (Figura 3.13). Verifica-se que as diferenças obtidas para as quatro grelhas estudadas são relativamente pequenas. Adoptámos então a grelha com 24202 nós para os nossos cálculos, o que permite um bom compromisso entre precisão e tempo de cálculo. Além disso, foram testados vários passos de tempo, variando entre 0,1 e 10 s, na grelha adoptada. Nestas condições, escolhemos o valor $\Delta t=1$ s com uma iteração máxima de cerca de 200 em cada passo de tempo (Figura 3.13).

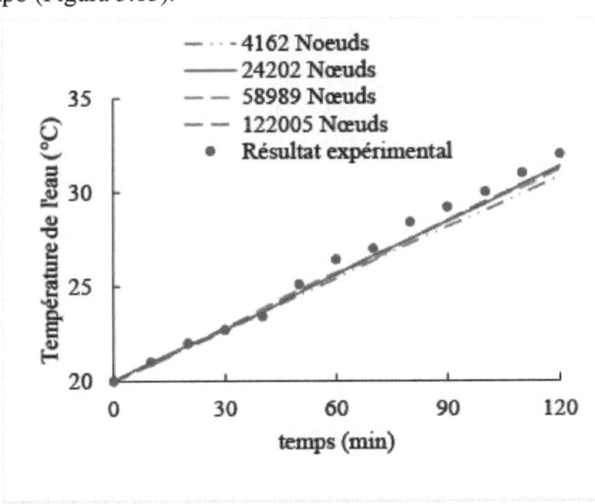

Figura 3. 13. Variação temporal da temperatura média da água para diferentes malhas

65

bidimensionais.

Efeito do intervalo de tempo (At)

Antes de iniciar as simulações, quisemos conhecer o efeito do passo de tempo At nos nossos cálculos, variando-o em função da temperatura média da água durante a fase de aquecimento. Para verificar o efeito do passo de tempo nos nossos resultados, comparámos as curvas de variação da temperatura da água durante a fase de aquecimento com a recuperação de calor residual do condensador, variando os passos de tempo, para valores de At = 0,1 s , At = 0,5 s , At = 1 s e At = 10 s.

Os resultados apresentados na Figura 3.14 mostram que o efeito do passo de tempo no processo de aquecimento se torna muito pequeno quando o número de passos diminui de 10 s para 0,1 s. Por esta razão, optámos por At = 1 s, de modo a obter um compromisso entre a precisão e o tempo de cálculo.

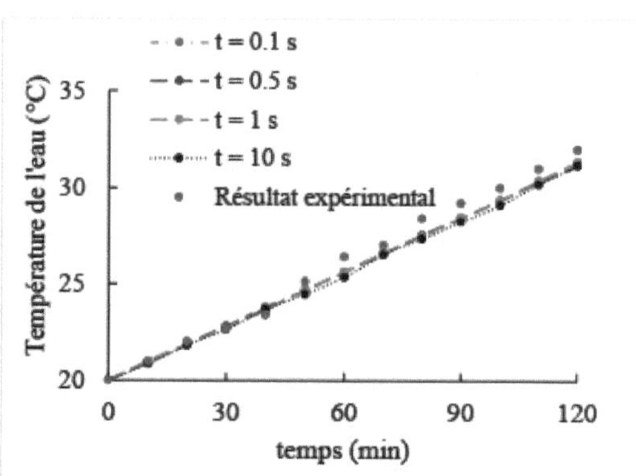

Figura 3. 14. Variação temporal da temperatura média da água para diferentes valores de Δt

2.7.3.3 Pós-processamento

Acoplamento velocidade-pressão (algoritmo SIMPLE)

Para resolver a equação de Navier-Stokes que descreve o movimento dos fluidos, é necessário conhecer o campo de pressão. Se este campo for desconhecido, deve ser estabelecida uma equação de pressão. Esta especificidade das equações torna necessária a utilização de um esquema de acoplamento pressão-velocidade. Consequentemente, no presente trabalho utilizamos o algoritmo SIMPLE (Semi Implicit Method for Pressure Linked Equations) proposto por **Dai et al [56]** e **Wenzli et al [57].**

Regime de discrição

O gradiente das variáveis na geometria da malha é calculado utilizando o método "Least Squares Cell Based". O método de interpolação da pressão nas faces das células é efectuado utilizando o esquema "PRESTO". No presente estudo, o esquema "Second Order Upwind" é aplicado para resolver a energia e tem em conta a direção do escoamento do fluido.

Implementação do UDF

O software comercial ANSYS Fluent é utilizado para desenvolver um modelo 2D axissimétrico do tanque de água com um condensador helicoidal. A variação do fluxo de calor libertado pelo condensador em função do tempo é calculada por uma função do Fluent (UDF:

User Defined Function). Em qualquer instante, o fluxo de calor pode, portanto, considerado variável em função do tempo, diminuindo à medida que a temperatura da água aumenta. Consequentemente, o fluxo de calor é uma nova variável gerida pelo UDF. Em cada passo de tempo, o fluxo varia. O software ANSYS FLUENT é utilizado para efetuar as simulações. Uma das principais vantagens deste código é o facto de dedicar uma grande parte à modelação do funcionamento e do acoplamento do frigorífico com o aquecedor de água. Um ficheiro UDF (User Defined Function) sob a forma de uma sub-rotina escrita em linguagem C é produzido e incluído nos cálculos. **Condições de convergência**
O cálculo do passo de tempo é considerado convergente quando os resíduos normalizados das equações resolvidas atingem o valor de $10^{(-6)}$) para a equação da continuidade; a equação do momento e a equação da energia. Estes valores são definidos por defeito durante o cálculo e são os valores recomendados.

Sub-relaxamento

A sub-relaxação dos valores obtidos em cada iteração é regularmente utilizada em problemas não lineares para evitar divergências no processo de cálculo. Isto permite-nos controlar e reduzir a variação em cada iteração. Para melhorar a estabilidade da convergência, são considerados factores de sub-relaxamento de 0,3, 1, 1, 0,7 e 1 s para a pressão, densidade, força volúmica, momento e energia, respetivamente. **Convergência**

O critério de convergência é uma condição específica para os resíduos que definem a convergência de uma solução. Por conseguinte, é utilizado para parar o processo iterativo quando é satisfeito. No nosso estudo, a convergência é assegurada quando o máximo do resíduo de todas as variáveis atinge o valor de 10^{-6}.

2.8 Validação do modelo

A melhor maneira de validar um modelo numérico e garantir a sua funcionalidade e fiabilidade é efetuar um estudo comparativo entre a simulação e os resultados experimentais. No nosso caso, começamos por validar os nossos resultados numéricos com os trabalhos experimentais e numéricos publicados por **Dai et al [8]** e **Wang [58]**. Na mesma linha de investigação, é efectuado um estudo numérico sobre outra geometria. Para verificar o modelo matemático, é efectuada uma comparação entre os resultados numéricos e experimentais. Uma vez validado o modelo, pode ser efectuado um estudo paramétrico para otimizar o comportamento térmico de um condensador helicoidal totalmente imerso num tanque de água.

2.8.1 Cálculo de acordo com as condições de D.D Wang [58].

Os nossos resultados numéricos são comparados com os dados experimentais publicados por [58]. De facto, realizámos simulações em ANSYS FLUENT e comparámo-las com as disponíveis em estudos semelhantes, como os de **Wang [58]**. A Figura 3.15 mostra o perfil da temperatura média da água em função da altura da albufeira. A Figura 3.15 mostra a comparação entre os diferentes resultados. No geral, esta comparação mostra uma boa concordância com os resultados disponíveis na literatura, com um erro de 10,96%.

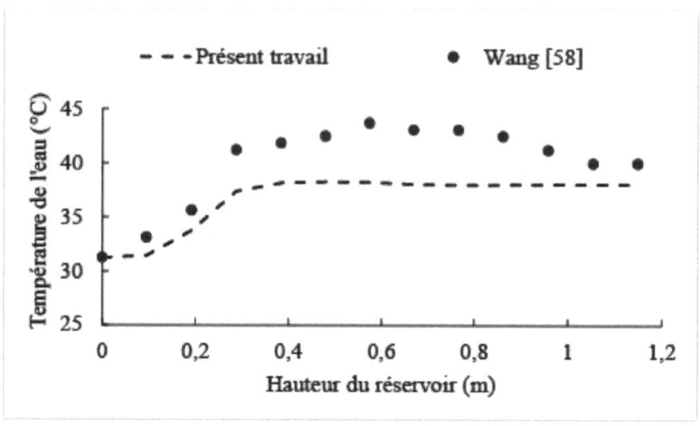

Altura do tanque (m)

Figura 3. 15. Comparação da variação da temperatura média da água com o trabalho de trabalho **de Wang [58]**.

2.8.2 Cálculo de acordo com as condições de Dai et al [8].

A Figura 3.16 mostra que a diferença entre os resultados do modelo proposto e os disponíveis na literatura é estreita. O erro relativo médio é igual a 3%. Por conseguinte, estes desvios permitem-nos prever corretamente o efeito de alguns parâmetros no desempenho do chiller acoplado a uma unidade de aquecimento de água doméstica.

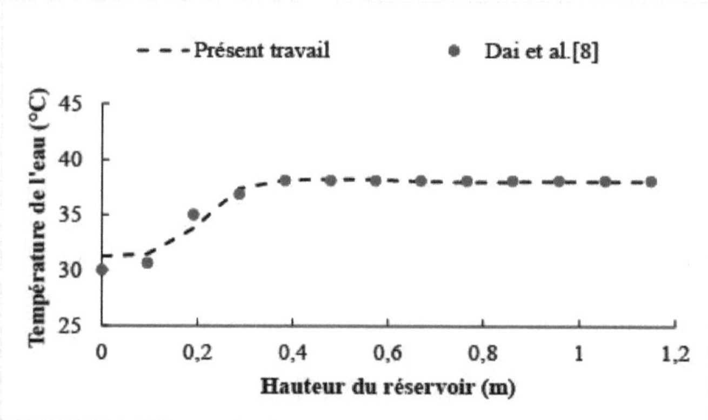

Figura 3. 16. Comparação da variação da temperatura média da água com o trabalho de **Dai et al [8]**.

A Figura 3.17 mostra a variação da temperatura da água em função da altura do tanque. Estes resultados mostram uma boa concordância com os resultados experimentais obtidos por **Wang [58]** e os resultados numéricos obtidos por **Dai et al [8]** com erros máximos observados da ordem dos 10,96%. Se compararmos os resultados numéricos e experimentais do nosso estudo numérico, verificamos que estes erros são menores. Consequentemente, estes desvios permitem-nos prever corretamente o comportamento térmico do sistema acoplado.

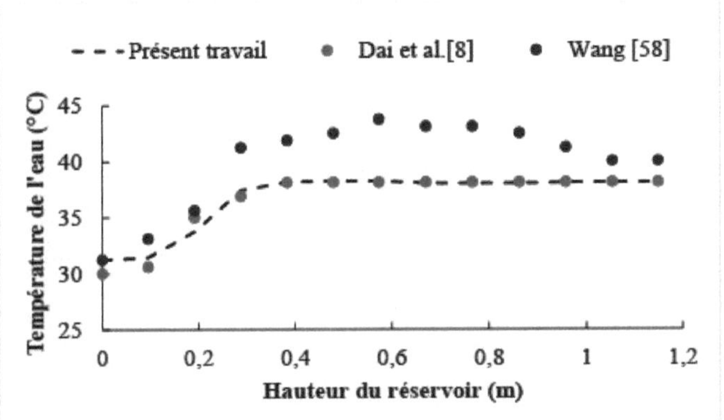

Figura 3. 17. Comparação da variação da temperatura média da água na albufeira com os trabalhos de **Dai et al [8]** e **Wang [58]**.

2.8.3 Cálculo de acordo com as condições experimentais

A figura 3.18 mostra a variação da temperatura da água no tanque em função do tempo. Os nossos resultados numéricos são comparados com os resultados experimentais do laboratório de investigação Energia, Água, Ambiente e Processos da Nacional de Engenharia de Gabès. Os nossos resultados numéricos mostram uma boa concordância com os resultados experimentais, com erros relativos médios da ordem dos 7,67%.

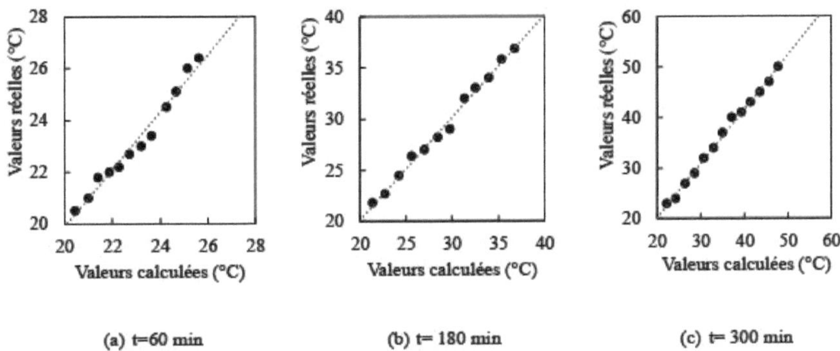

Figura 3. 18. Perfil da temperatura da água em função do tempo

3 Conclusão

Neste capítulo, apresentámos as etapas de simulação utilizando o código de cálculo ANSYS Fluent. Citámos o método de resolução e o princípio de funcionamento. Descrevemos os passos seguidos para a criação de um modelo numérico para o cálculo do comprimento do condensador imerso num tanque de água. Apresentamos também um modelo para calcular a quantidade de água a ser aquecida diariamente pelo refrigerador acoplado ao aquecedor de água. Em seguida, descrevemos um modelo matemático que permite estudar e analisar os resultados numéricos de um sistema acoplado através da modificação de parâmetros geométricos. Além disso, avaliámos o modelo numérico utilizado para descrever o efeito da geometria do condensador helicoidal no comportamento térmico, cujos resultados serão discutidos no capítulo seguinte. Finalmente, comparámos os nossos resultados numéricos com outros resultados da literatura e com os nossos resultados experimentais desenvolvidos no nosso laboratório.

CAPÍTULO 4

Resultados e discussão

1 Introdução

Este último capítulo analisa o acoplamento de um frigorífico doméstico a um aquecedor de água e a um aparelho de ar condicionado para a dessalinização da água do mar. A contribuição será dada através de estudos teóricos e experimentais. Para o efeito, dividimos este capítulo em duas partes principais: A primeira parte analisa o desempenho destas máquinas de refrigeração de modo a confirmar a importância da rejeição térmica para a produção de água quente sanitária. Esta parte apresenta o estudo numérico dos principais parâmetros que influenciam as caraterísticas de funcionamento de um frigorífico acoplado ao termoacumulador e o comportamento térmico do condensador helicoidal totalmente imerso num de água com isolamento térmico. Apresentamos também os nossos resultados numéricos relativos ao estudo do efeito da geometria do condensador. Em seguida, estudamos os diferentes parâmetros para melhorar o desempenho do frigorífico. A segunda parte é dedicada à apresentação dos resultados experimentais obtidos com referência à técnica de dessalinização de água salobra utilizando a descarga térmica do condensador de um aparelho de ar condicionado. Nesta parte, interessa-nos duplicar o rendimento energético global destas máquinas de refrigeração.

2 Produção de água quente sanitária

Nesta secção, apresentamos os nossos resultados numéricos e experimentais sobre o fenómeno da transferência de calor através da utilização do calor residual do frigorífico. A evolução das velocidades e das temperaturas é dada para representar a importância da rejeição térmica para a produção de água quente sanitária nos sectores industrial e residencial. São também apresentados alguns resultados numéricos sobre o efeito da geometria do condensador no desempenho térmico de um frigorífico doméstico acoplado a uma unidade de aquecimento de água quente sanitária. Os resultados numéricos da transferência de calor por convecção natural entre o condensador e a água serão representados pela evolução das velocidades, temperaturas e distribuição do campo de pressão, do campo de temperatura e do campo de velocidade da água para as diferentes condições. Em primeiro lugar, é apresentado o efeito dos parâmetros geométricos no fenómeno de transferência de calor. Em segundo lugar, a escolha do projeto e da construção do condensador, que envolve a melhoria do desempenho da máquina de refrigeração utilizada para produzir água quente sanitária. Este estudo numérico permitirá escolher a melhor geometria para o condensador mais eficiente do ponto de vista económico e energético.

2.1 Estudo experimental e numérico de um frigorífico doméstico acoplado a um aquecedor de água

Para compreender melhor a importância do calor rejeitado pelo condensador do frigorífico doméstico, começamos por analisar os resultados experimentais, que mostram a evolução da temperatura em função do tempo, das temperaturas da água a aquecer, do evaporador e do ar ambiente. O estudo experimental foi efectuado em condições ambientais definidas por uma temperatura ambiente de 20°C. Um tanque cilíndrico contendo 50 litros de água é aquecido de 20°C a 50°C durante um período total de funcionamento de t=300 min. As tendências de temperatura são apresentadas na Figura 4.1. A partir destes resultados, pode ver-se que para o tempo de aquecimento igual a t=300 min, a temperatura da água aumenta progressivamente mas a temperatura do evaporador varia entre -13°C e -17°C. Os resultados obtidos mostram que a temperatura do evaporador não é afetada pelo aumento da temperatura da água no depósito. Estes resultados confirmam, portanto, que o frigorífico doméstico pode ser utilizado para produzir água quente sem afetar a sua função principal de refrigeração.

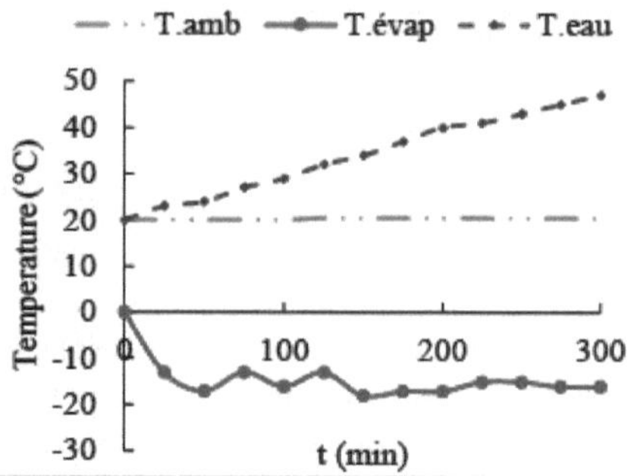

Figura 4.1: Variação da temperatura em função do tempo de aquecimento

A Figura 4.2 mostra a variação da temperatura da água e o desempenho do sistema em função do tempo de aquecimento. A partir destes resultados, podemos ver que existe uma relação entre o coeficiente de desempenho do frigorífico e a temperatura da água. À medida que a temperatura da água no tanque aumenta, observamos uma diminuição significativa no COP. De facto, quando a temperatura da água é mais baixa, o COP é mais elevado. Estes resultados mostram que o COP de cerca de 4,8 em t=25 min e diminui à medida que a temperatura da água dentro do tanque aumenta. Também se pode ver que à medida que a temperatura da água aumenta, o COP diminui gradualmente. De facto, à medida que a temperatura da água aumenta, o COP diminui mais rapidamente. Quando a temperatura da água é de **22,22** °C, o COP atinge 4,8. Quando a temperatura da água aumenta em **2,04°C**, o COP desce para 4,3. No entanto, quando a temperatura da água aumenta 13°C, o COP diminui para 3. Assim, o coeficiente de desempenho (COP) do frigorífico doméstico acoplado a uma unidade de produção de água quente sanitária diminui durante o processo de aquecimento. Os resultados obtidos mostraram que quando a temperatura da água aumenta, a eficiência do sistema diminui consideravelmente. Consequentemente, a eficiência do compressor é afetada pelo aumento da temperatura da água no depósito. Isto deve-se ao facto de que quando a temperatura da água aumenta, a quantidade de energia utilizada também aumenta **[59]**. Além disso, esta justificação indica o efeito da temperatura da água no interior do reservatório sobre o desempenho do sistema.

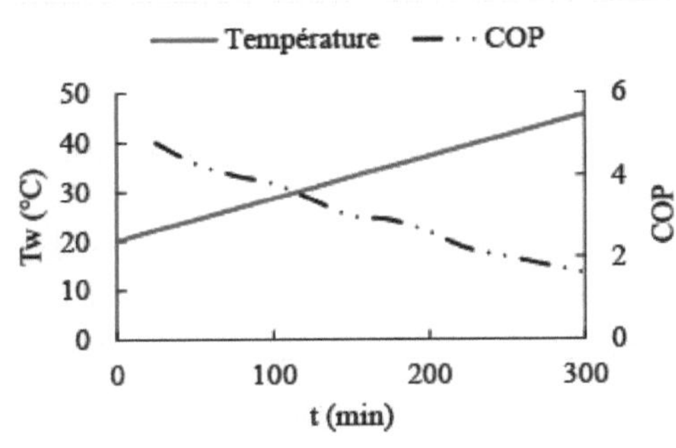

Figura 4. 2: Variação da temperatura da água e do desempenho do frigorífico em função do tempo

2.1.1 Perfil de temperatura

A Figura 4.3 mostra a evolução da temperatura da água em função da altura do tanque para diferentes tempos de aquecimento definidos por t= 60 min, t= 180 min e t= 300 min. Dos cálculos efectuados, verifica-se que a temperatura da água aumenta ao longo da altura do depósito para três períodos de aquecimento diferentes. Para o primeiro período de aquecimento igual a t=60 min, podemos ver que a temperatura média da água é igual a T= 25,50°C enquanto as temperaturas mínima e máxima ao longo da altura do tanque são iguais a T=20,46°C e T= 26,29°C respetivamente. Durante este período de aquecimento (t=60 min), a variação da temperatura da água é demasiado pequena na parte inferior do tanque de água, levando à criação do que se designa por estratificação. Esta é produzida por um fluxo impulsionado pela flutuabilidade. Já nas partes superior e média do reservatório, a variação é clara. Estes resultados mostram que a temperatura da água aumenta com a altura do reservatório e torna-se estável a partir da posição definida por $H_{t=0}$,15m. Quando o calor libertado pelo condensador do frigorífico é recuperado para aquecer a água no reservatório durante t=180 min, a temperatura média da água aumenta e torna-se igual a 36,6°C. No entanto, na direção vertical do tanque, a diferença na temperatura máxima é igual a T=13,25 °C. Com o aumento do tempo de aquecimento, a temperatura da água aumenta com a altura do tanque, adotando um comportamento que varia de acordo com o período de aquecimento. Verifica-se que para um tempo de funcionamento do frigorífico igual a t=300 min, a água é aquecida de T=20 °C (estado inicial da água) até T=50,73 °C (estado final da água). Quando estes resultados foram analisados, as temperaturas média, mínima e máxima na direção vertical do tanque foram iguais a T=48 °C, T=32,7 °C e T=50,7 °C, respetivamente. Por conseguinte, após cerca de 60 minutos de aquecimento, a temperatura da água é demasiado baixa para ser utilizada. A água no tanque seria então aquecida continuamente durante 240 minutos. Durante este período de aquecimento, a água é aquecida até T=50,7 °C. Este valor também é muito útil para os proprietários de casas que utilizam água quente.

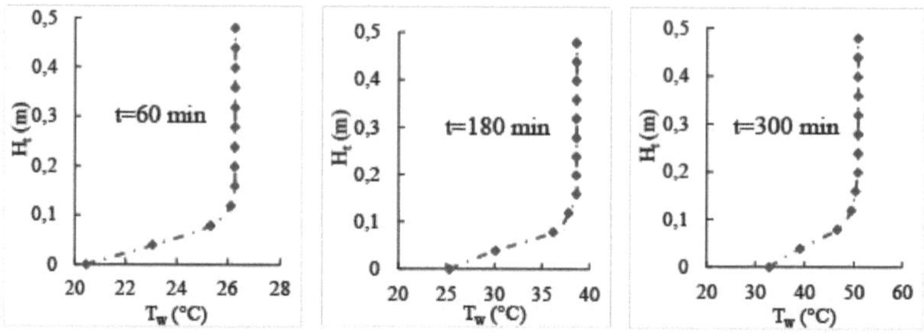

Figura 4.3: Variação da temperatura da água em função da altura do tanque

2.1.2 Perfil de velocidade

A Figura 4.4 mostra a variação da velocidade da água em função da altura do tanque para três períodos de aquecimento diferentes definidos por t=60 min, t=180 min e t=300 min. Utilizando o código de cálculo numérico, os perfis de velocidade da água em diferentes tempos de aquecimento são comparados e analisados. Verifica-se que para t=60 min, a velocidade máxima da água é igual a V=0,013 m.s⁻¹ e surge na parte central do tanque (Ht<0,3 m). Esta distribuição da velocidade é quase óbvia nesta secção. Em t= 180 min, a velocidade da água atinge o seu máximo na parte central do tanque. Para o tempo de aquecimento t=300 min, ainda existe uma baixa velocidade na parte inferior do tanque. Como resultado, à medida que o tempo de aquecimento aumenta em t=60 min e t=300 min, a água quente flui continuamente para cima e acumula-se na parte superior do tanque, levando à formação de uma zona de maior velocidade.

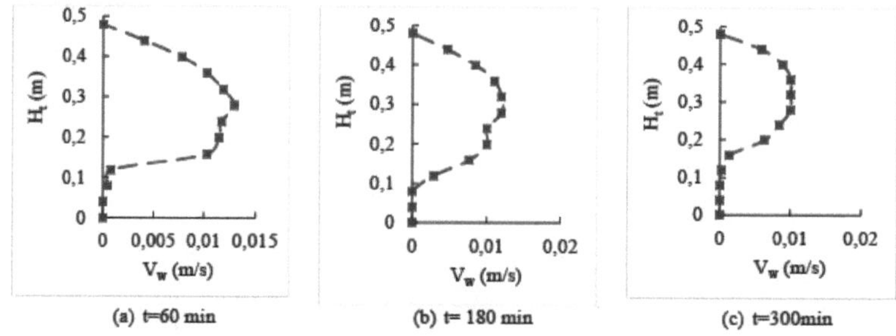

Figura 4.4: Variação da velocidade da água em função da altura do tanque

2.1.3 Perfil do coeficiente de transferência de calor

A Figura 4.5 mostra a variação do coeficiente de transferência convectiva em função do tempo de aquecimento, que é definido como t=60 min, t=180 min e t=300 min. De acordo com os resultados de simulação obtidos, verifica-se uma diminuição do coeficiente de transferência de calor durante o período de aquecimento. Isto pode ser explicado pelo facto de o aumento da temperatura da água no tanque levar a uma diminuição do coeficiente de troca convectiva. Para examinar a influência da temperatura da água no coeficiente de troca convectiva, podemos ver que para t=60 min, o coeficiente de transferência de calor diminui de 727,26 W.m⁻².K⁻¹ para 253,6 W.m⁻².K⁻¹. Em t=180min, diminui de 558,23 W.m⁻².K⁻¹ para 102 W.m⁻².K⁻¹. Comparando os dois perfis, pode ver-se que, durante o processo de aquecimento, o coeficiente de transferência de calor diminui com o aumento da temperatura da água. A maior diferença de aproximadamente 159,95 W.m⁻².K⁻¹. Consequentemente, a diminuição do coeficiente de transferência de calor é devida ao aumento da temperatura da água no tanque, o que leva a uma redução da diferença de temperatura na entrada e na saída do condensador. Em t= 300 min, os valores máximo e mínimo do coeficiente de transferência de calor do condensador são respetivamente iguais a 452,27 $W.m^{-2}.K^{-1}$ e 68,64 $W.m^{-2}.K^{-1}$. Comparando estes resultados ao longo dos três períodos considerados, o coeficiente de transferência de calor do condensador em t= 60 min é mais elevado do que nos outros dois tempos iguais a t=180 min e t=300 min. Este facto pode ser explicado pelo aumento da temperatura da água, que é responsável pela diminuição do coeficiente de transferência de calor. Este estudo mostra que à medida que a temperatura da água aumenta, o coeficiente de troca convectiva diminui até atingir um valor mínimo de 68,64 $W.m^{-2}.K^{-1}$ após 300 min de aquecimento.

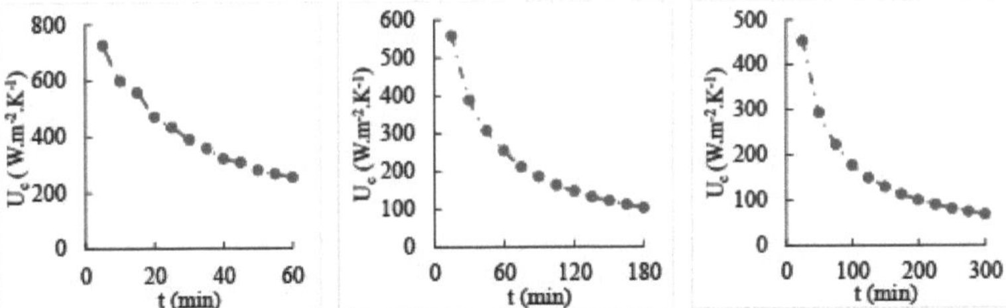

Figura 4. 5: Variação do coeficiente de transferência de calor em função do tempo de aquecimento

2.1.4 Campo de temperatura

A Figura 4.6 mostra a distribuição da temperatura da água no tanque para três tempos de aquecimento diferentes definidos por t=60 min, t=180 min e t =300 min. A partir dos resultados obtidos, pode referir-se que se forma uma estratificação da temperatura na parte inferior. Após 60 min de aquecimento, são observadas três zonas; a primeira e a segunda zonas estão localizadas na parte inferior do tanque, enquanto a terceira zona é formada perto do condensador. Está localizada na parte média e superior do depósito. À medida que o tempo de aquecimento aumenta, o número de zonas aumenta e forma-se devido à diferença de densidade. A comparação destes resultados confirma que as temperaturas mínima e máxima da água aumentam linearmente quando continuamos a utilizar o calor rejeitado pela serpentina do condensador. De acordo com os resultados da simulação, a diferença de temperatura da água entre as partes inferior e superior do tanque aumenta à medida que o tempo de aquecimento aumenta. Durante o processo de aquecimento, a água quente flui continuamente para cima e acumula-se na parte superior do depósito, formando uma zona quente. Isto deve-se ao facto de a água na parte superior do reservatório ser gradualmente aquecida por convecção natural a partir do condensador do frigorífico. Isto confirma que a temperatura da água na parte superior do reservatório de água é obviamente mais elevada do que na parte inferior.

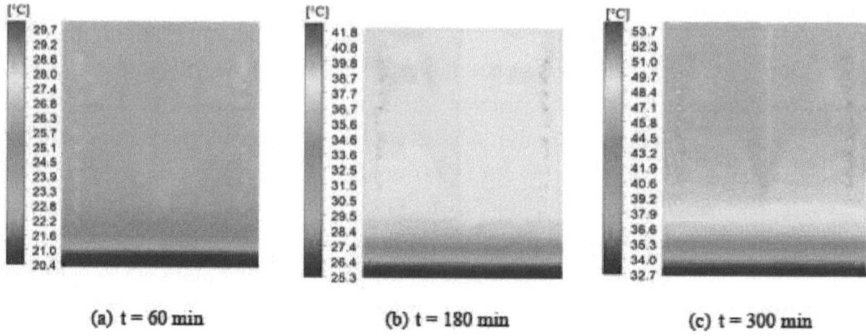

Figura 4. 6: Distribuição da temperatura

2.1.5 Campo de velocidade

A Figura 4.7 mostra a variação da velocidade da água em três períodos de aquecimento definidos por t=60 min, t=180 min e t=300 min. Para todos os três períodos de aquecimento, pode ver-se que a água flui a alta velocidade na parte média e superior do tanque, indicando a quantidade de calor transferido por convecção nestas duas zonas. Se olharmos para a distribuição do campo de velocidade da água no tanque, podemos ver que a velocidade da água na parte média e superior do tanque é obviamente maior do que na parte inferior. Nestas condições, o valor máximo é encontrado na linha central do tanque, que está perto da bobina do condensador. Com o aumento do tempo de aquecimento em t=60 min e t=180 min, a distribuição da velocidade é semelhante, com exceção do perfil na parte central do depósito, o que se deve à importância do fenómeno de transferência de calor gerado pela parede do tubo. Após 300 min de aquecimento, o campo de velocidades apresenta uma pequena variação em comparação com os outros tempos de aquecimento.

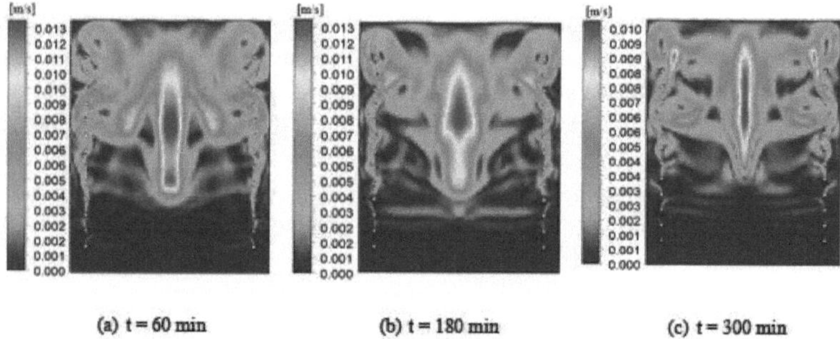

Figura 4. 7: Distribuição da velocidade

2.2 Estudo paramétrico

Nesta secção é desenvolvido um estudo paramétrico do condensador helicoidal. Trata-se de variar um parâmetro e fixar os outros. O objetivo é estudar como esta variação afecta o desempenho térmico de um frigorífico doméstico acoplado a uma unidade de aquecimento de água, explorando o calor residual libertado pelo condensador.

2.2.1 Efeito do passo do condensador

2.2.1.1 Perfil de velocidade

A variação da velocidade da água em função do tempo de aquecimento é mostrada na Figura 4.8. A partir destes resultados, verifica-se que a distância entre os passos do condensador é um fator importante que influencia o desempenho térmico de uma máquina de refrigeração utilizada para produzir água quente sanitária. Os resultados da simulação obtidos mostram que a velocidade da água tem um valor máximo quando se utiliza um condensador com um passo igual a h=20 mm.

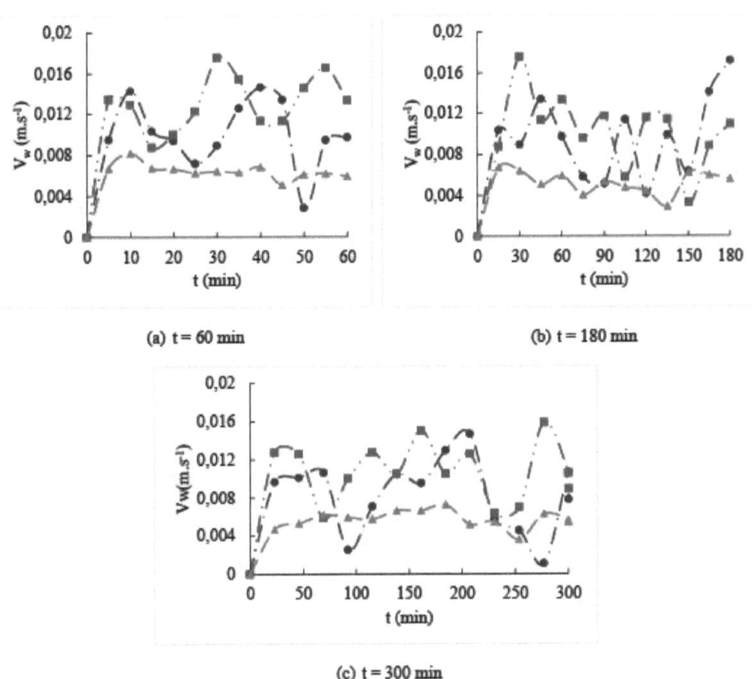

Figura 4. 8: Variação da velocidade da água em função do tempo para três etapas diferentes

2.2.1.2 Campo de velocidade

A partir da Figura 4.9, pode ver-se que o condensador helicoidal com um passo igual a h=20 mm apresenta um melhor desempenho térmico do que os outros dois tipos de condensador, ou seja, h=10 mm e h=30 mm. Também se pode ver que a velocidade elevada na linha central do tanque se deve ao melhor coeficiente de transferência de calor proporcionado pelo condensador com um passo definido por h=20 mm. É, portanto, claro que o passo do condensador helicoidal é um parâmetro importante que influencia o funcionamento de um frigorífico doméstico acoplado a uma unidade de produção de água quente.

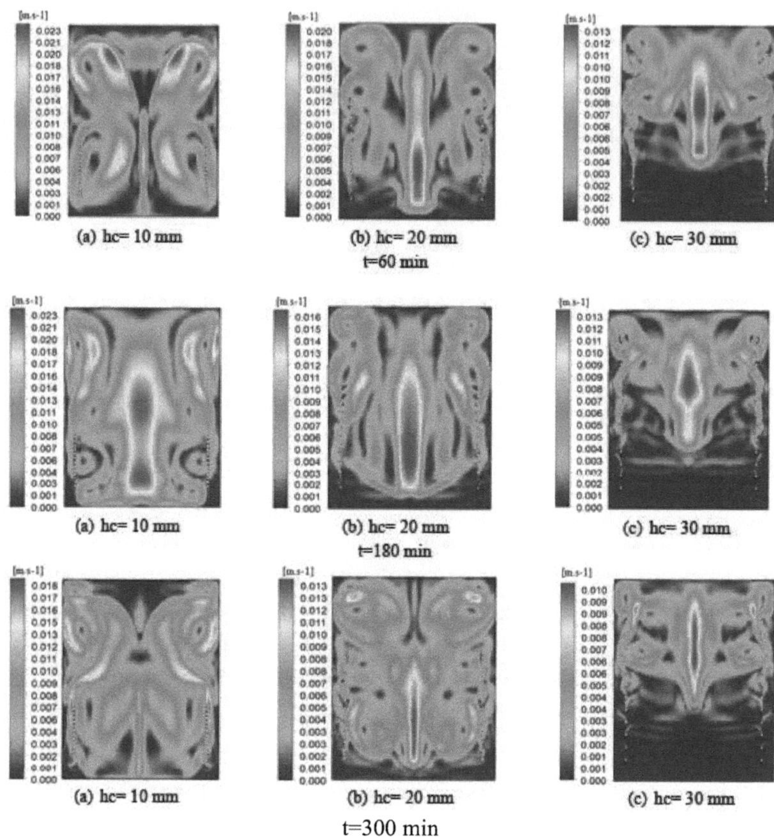

t=300 min

Figura 4. 9. contornos de velocidade

2.2.1.3 Perfil de temperatura

A influência do passo do condensador helicoidal na variação da temperatura da água no interior do tanque é mostrada na Figura 4.10. Os resultados da simulação numérica mostram que a temperatura da água aumenta à medida que o passo do condensador é reduzido para o mesmo tempo de aquecimento. A partir destes resultados de simulação, pode ver-se que o condensador de passo baixo causa um aumento na transferência de calor por convecção. Este facto pode ser explicado pela relação entre o coeficiente de transferência de calor e a geometria do condensador. Para examinar a influência deste parâmetro no desempenho térmico, os resultados obtidos mostram que a temperatura da água tem um valor máximo quando se utiliza um condensador com um passo igual a h=20 mm.

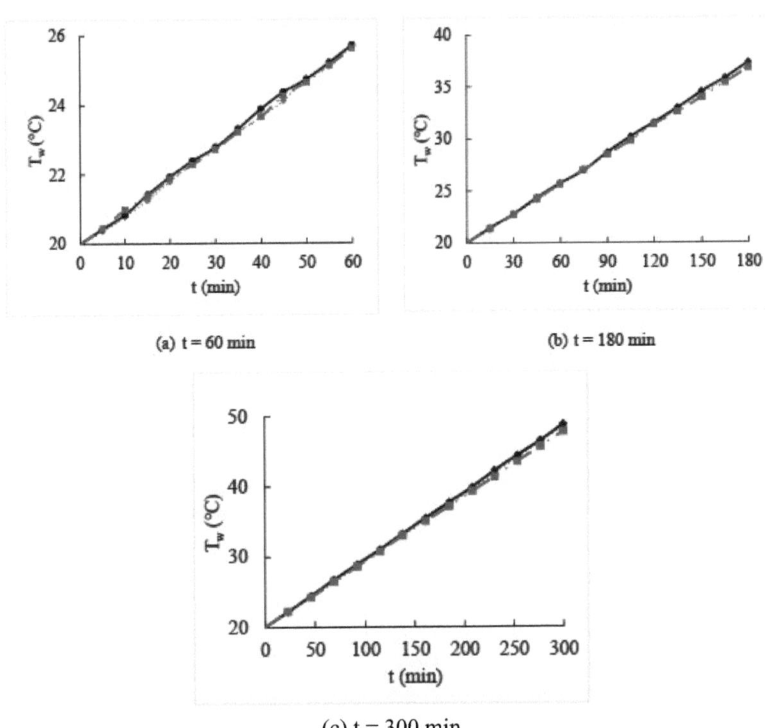

(c) t = 300 min

Figura 4. 10. Variação da temperatura em função do passo do condensador

2.2.1.4 Campo de temperatura

A variação da temperatura da água em função de três passos diferentes do condensador é mostrada na Figura 4.11. Estes resultados indicam que a geometria do condensador é um parâmetro principal que afecta a temperatura da água no interior do tanque. Para os três períodos de aquecimento, a temperatura mais elevada ocorre para um condensador com um passo igual a h=20 mm.

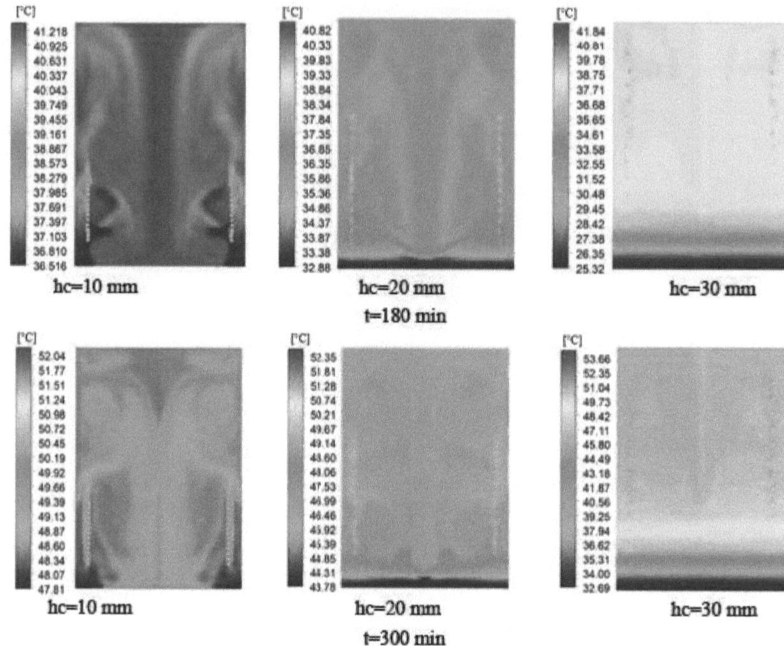

Figura 4. 11. Contornos de temperatura

2.2.1.5 Campo de pressão

A Figura 4.12 mostra a distribuição do campo de pressão no interior do tanque de água durante três períodos de aquecimento definidos por t=60 min, t=180 min e t=300 min. Este estudo permite analisar e comparar o impacto da geometria do condensador no desempenho térmico de um frigorífico doméstico acoplado a uma unidade de aquecimento de água doméstica. Os resultados mostram que o aumento do passo do condensador reduz o coeficiente de transferência de calor entre a parede do tubo e a água, aumentando assim a perda de calor. Além disso, verifica-se que o condensador com um passo hc=20 mm fornece o maior caudal de calor em comparação com as outras geometrias durante o mesmo tempo de funcionamento, dado que a zona de transferência de calor é maior.

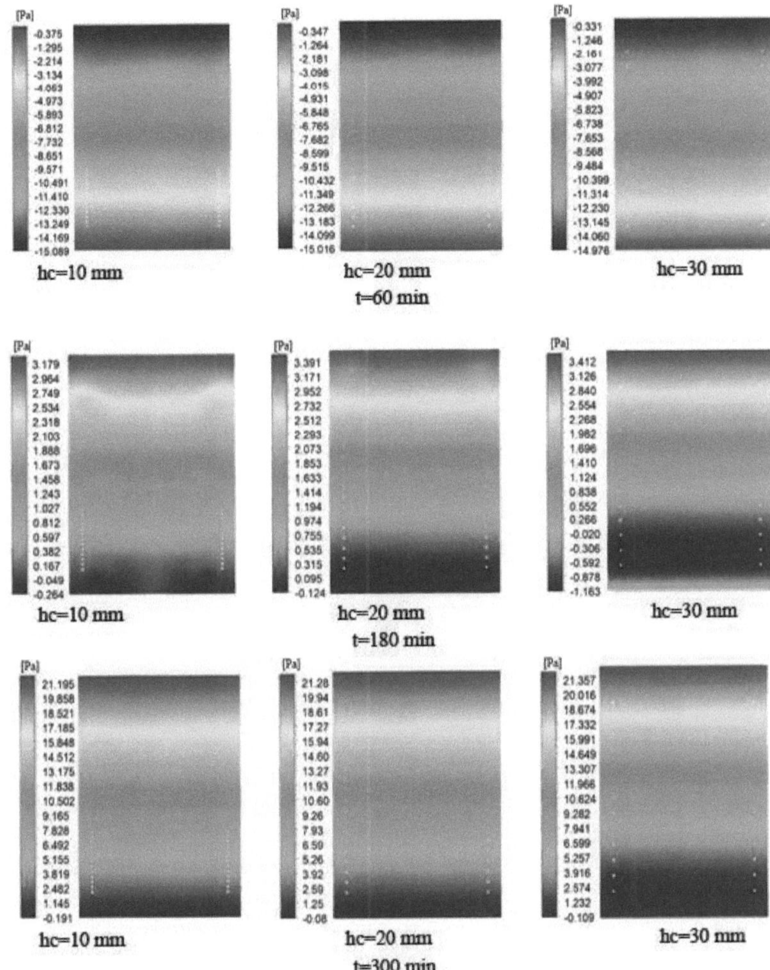

Figura 4. 12. Contornos de pressão

2.2.2 Efeito do diâmetro do tubo do condensador

2.2.2.1 Perfil de velocidade

A Figura 4.13 mostra o efeito do diâmetro do tubo do condensador no desempenho térmico de um frigorífico doméstico acoplado a um aquecedor de água. Durante os três períodos de aquecimento, os resultados obtidos mostram que, à medida que o diâmetro do tubo aumenta, a velocidade da água também aumenta. Além disso, verifica-se que o diâmetro do tubo de dc = 6 mm garante uma velocidade menor do que os outros diâmetros para o mesmo tempo. Estes resultados indicam que o diâmetro do tubo do condensador é o principal parâmetro que afecta a velocidade da água.

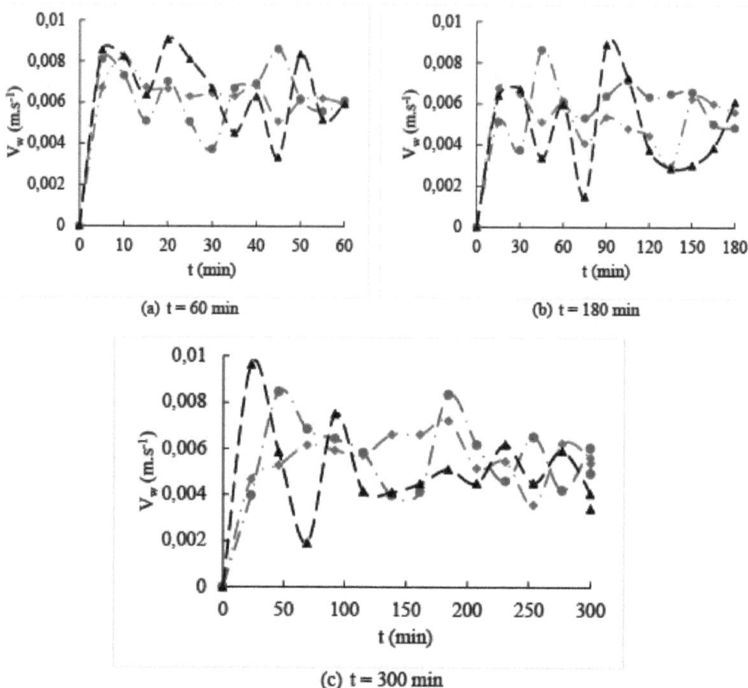

Figura 4. 13: Variação da velocidade da água em função do diâmetro da tubagem

2.2.2.2 Campo de velocidade

A Figura 4.14 mostra o efeito do diâmetro do tubo do condensador na distribuição do campo de velocidade durante os três períodos de aquecimento. Os resultados da simulação numérica mostram que o aumento do diâmetro do tubo conduz a um aumento da velocidade para o mesmo período de aquecimento. Ao aumentar o diâmetro do tubo de dc= 6mm para dc=10 mm, verifica-se um aumento progressivo da velocidade na parte superior do tanque. Estes resultados confirmam que o diâmetro do tubo é o principal fator que afecta o desempenho térmico de um frigorífico doméstico acoplado a um aquecedor de água.

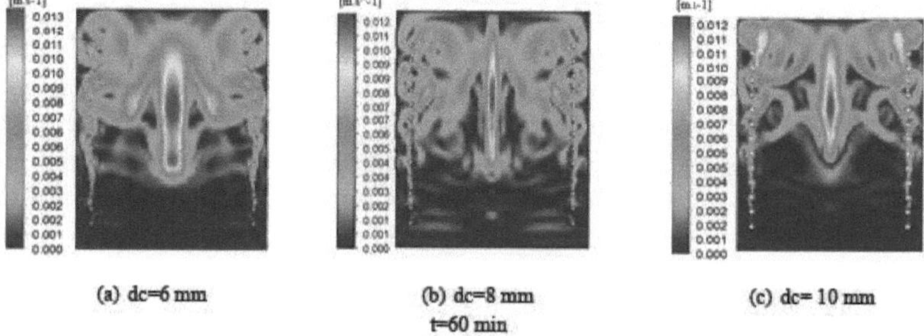

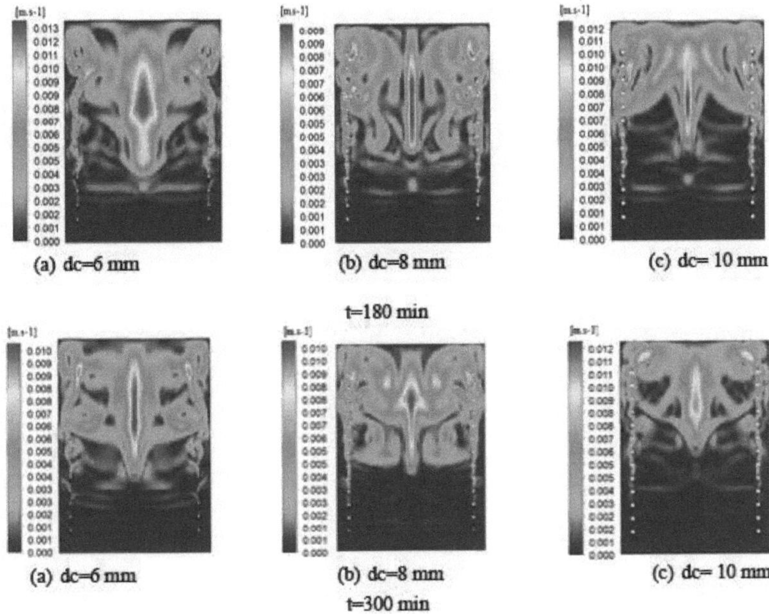

Figura 4. 14. Distribuição da velocidade

2.2.2.3 Perfil de temperatura

A Figura 4.15 mostra a variação da temperatura da água em função do diâmetro do tubo do condensador. A partir destes resultados, verifica-se que o aumento do diâmetro do tubo aumenta a temperatura da água no interior do depósito. Também pode ser visto que a temperatura da água no tanque é mais alta quando o tubo com dc=10 mm é usado. Nestas condições, a água é aquecida a 26°C em 38 min.

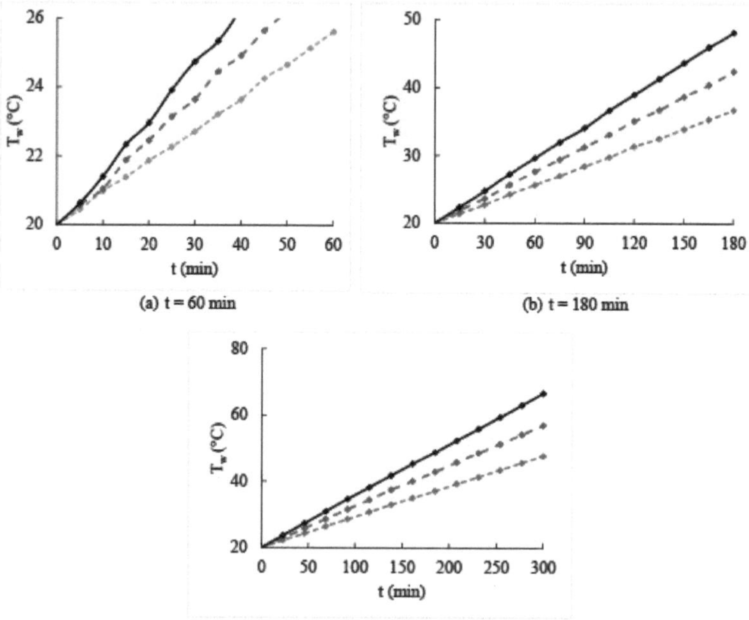

Figura 4. 15. Variação da temperatura da água em função do diâmetro do tubo do condensador.
condensador

2.2.2.4 Campo de temperatura

A Figura 4.16 mostra o perfil da temperatura da água para diferentes diâmetros do tubo do condensador. A partir destes resultados, podemos ver que a temperatura da água varia consoante o diâmetro do tubo. Em t=60 min, é de notar que para um diâmetro de tubo dc=10 mm, a temperatura máxima é atingida, ou seja, 30°C. À medida que o diâmetro do condensador aumenta, a temperatura da água na parte superior do tanque aumenta e o fenómeno de estratificação começa a diminuir. Além disso, estes

resultados indicam que a temperatura diminui gradualmente de dc =10 mm para
dc = 8 mm.

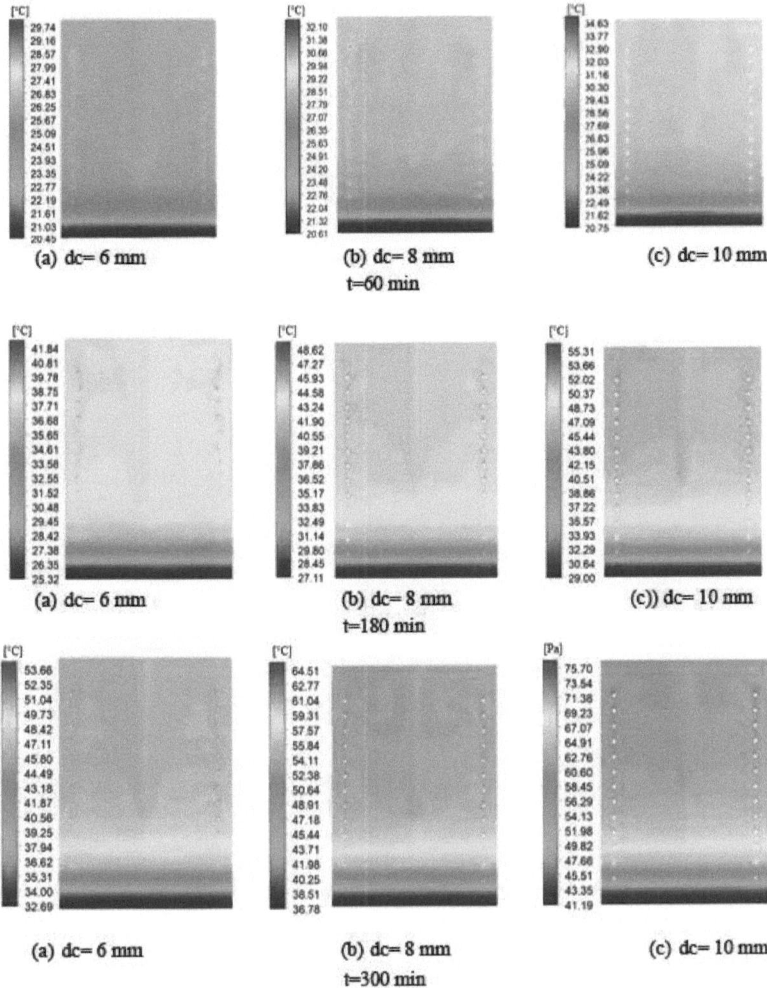

Figura 4. 16. Distribuição da temperatura

2.2.2.5 Campo de pressão

A distribuição do campo de pressão no tanque é mostrada na Figura 4.17. A partir destes
resultados, pode ver-se que a pressão aumenta progressivamente com o aumento do diâmetro
do tubo num período igual a t=60 min, t=180 min e t=300 min. Nestes resultados, observa-se
uma clara melhoria no campo de pressão, avaliada em 41,22%. Para além disso, foi observada
uma diminuição moderada da pressão para o pequeno valor do diâmetro igual a dc=6 mm. De
facto, o impacto do diâmetro do tubo é visível para dc=6 mm. Nestas condições, obtém-se
uma melhor distribuição da pressão em comparação com o diâmetro dc = 10 mm.

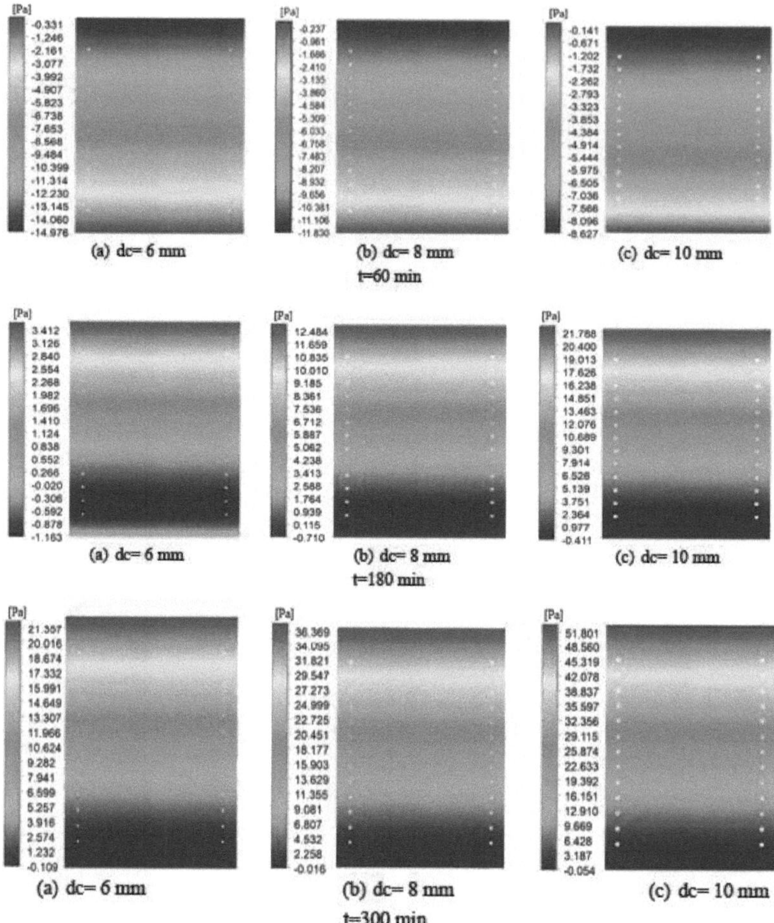

Figura 4. 17. Contornos de pressão

2.2.3 Efeito do número de voltas do condensador

2.2.3.1 Perfil de velocidade

A influência do número de voltas do condensador helicoidal na variação da velocidade da água é mostrada na Figura 4.18. Neste estudo, foi feita uma comparação dos perfis de velocidade para três números diferentes de voltas representados por N=11, N=13 e N=15. Os resultados obtidos mostram que a velocidade aumenta à medida que o número de voltas do condensador diminui para o mesmo período de aquecimento. Este aumento pode ser explicado pelo aumento da quantidade de energia térmica produzida pelo condensador na parte inferior do depósito de água. A partir dos resultados da simulação numérica, pode verificar-se que o aumento do diâmetro do condensador e a redução do número de voltas resulta numa troca de calor significativa entre a água e a parede do condensador com perdas mínimas de calor.

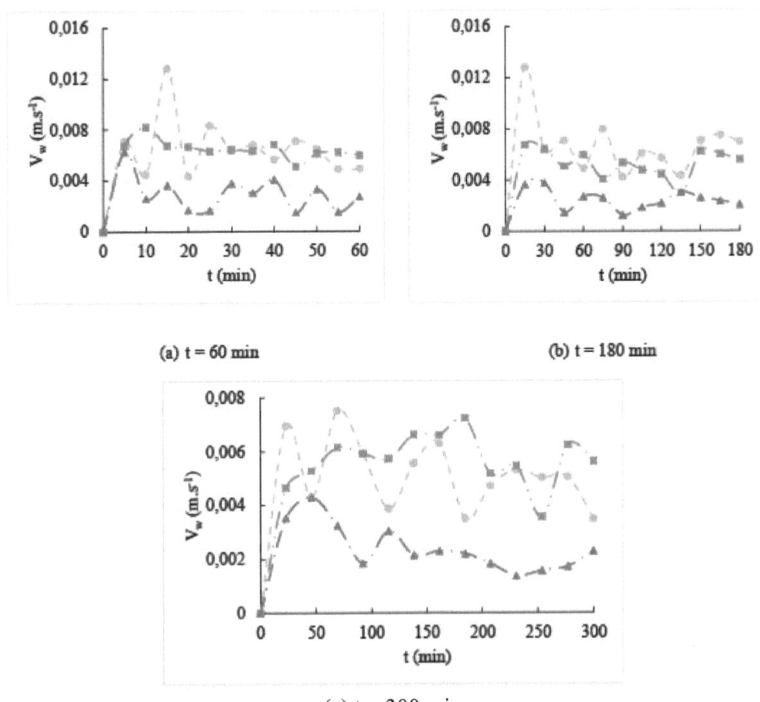

Figura 4. 18. Variação da velocidade da água em função do número de voltas do condensador

2.2.3.2 Campo de velocidade

A Figura 4.19 apresenta uma comparação da distribuição do campo de velocidade da água para diferentes números de voltas do condensador helicoidal. A partir destes resultados, pode ver-se que, para t= 60 min, a velocidade da água diminui com a variação do número de voltas de N= 11 para N= 15. Também se pode ver que a troca de calor ao longo do condensador varia de uma zona para outra, como indicado por estes resultados. Este facto deve-se principalmente à redução do número de voltas do condensador e ao aumento do diâmetro total. A diminuição do número de voltas e o aumento do diâmetro do condensador significam que existe uma boa turbulência na parte superior do tanque. Isto resulta numa boa transferência de calor por convecção natural. Finalmente, notamos que a maior velocidade da água corresponde a um condensador helicoidal com N=11.

87

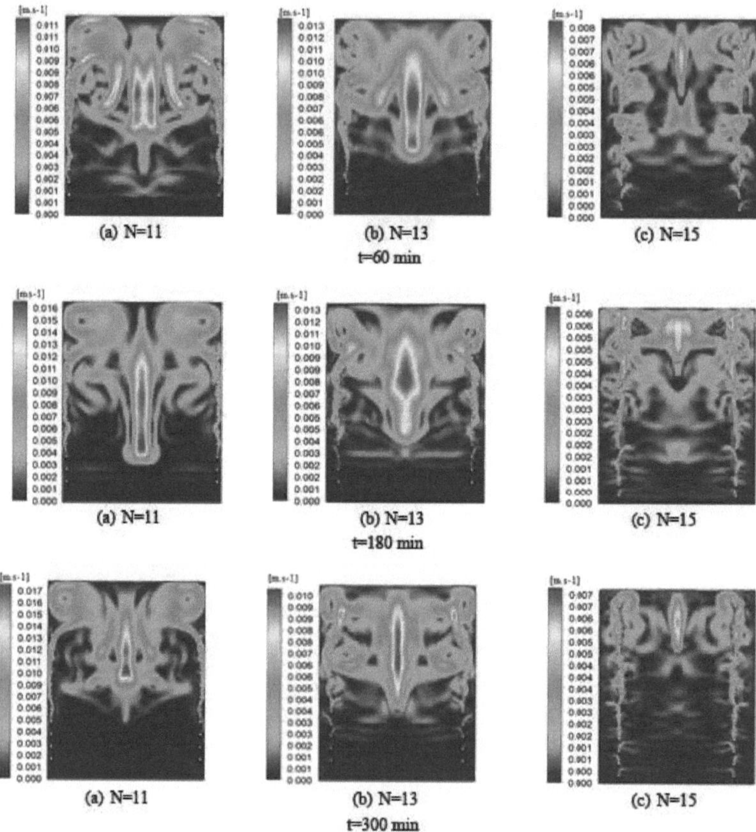

Figura 4. 19. Contornos de velocidade

2.2.3.3 Perfil de temperatura

A Figura 4.20 mostra a variação da temperatura da água em função do número de voltas do condensador helicoidal. Estes perfis de temperatura obtidos durante o processo de aquecimento mostram também o impacto da alteração do número de espiras para as três configurações consideradas, N=11, N=13 e N=15. Para analisar o efeito da geometria do condensador no desempenho térmico, é efectuada uma comparação entre os resultados numéricos obtidos para t=60 min, t=180 min e t=300 min. É também de notar que a temperatura média da água aumenta consideravelmente quando o número de voltas do condensador helicoidal é aumentado. Este facto pode explicado pelo aumento da temperatura devido ao aumento da superfície vertical do condensador no água. Estes mesmos resultados foram descritos anteriormente estudo da variação de velocidade.

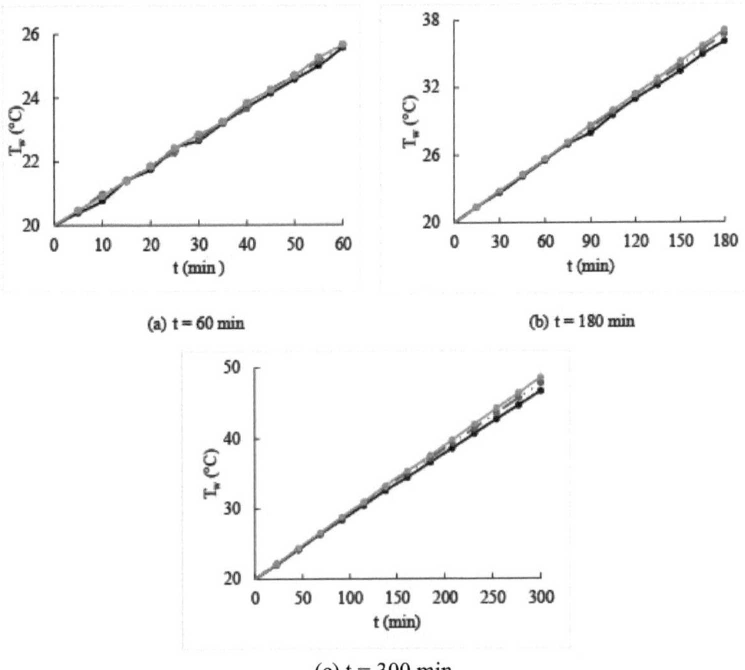

(c) t = 300 min

Figura 4. 20. Variação da temperatura da água em função do diâmetro do tubo do condensador.

condensador

2.2.3.4 Campo de temperatura

A Figura 4.21 mostra a distribuição de temperatura da água no recetor para as três configurações N=11, N=13 e N=15 voltas. Os resultados obtidos mostram que a redução do número de voltas é muito eficaz porque o fluxo de refrigerante no interior do tubo do condensador aumenta a velocidade da água onde as temperaturas

elevada. Estes resultados mostram também a formação de zonas de recirculação na parte superior do depósito, permitindo quantificar as trocas convectivas entre as paredes do condensador e a água que nele circula.

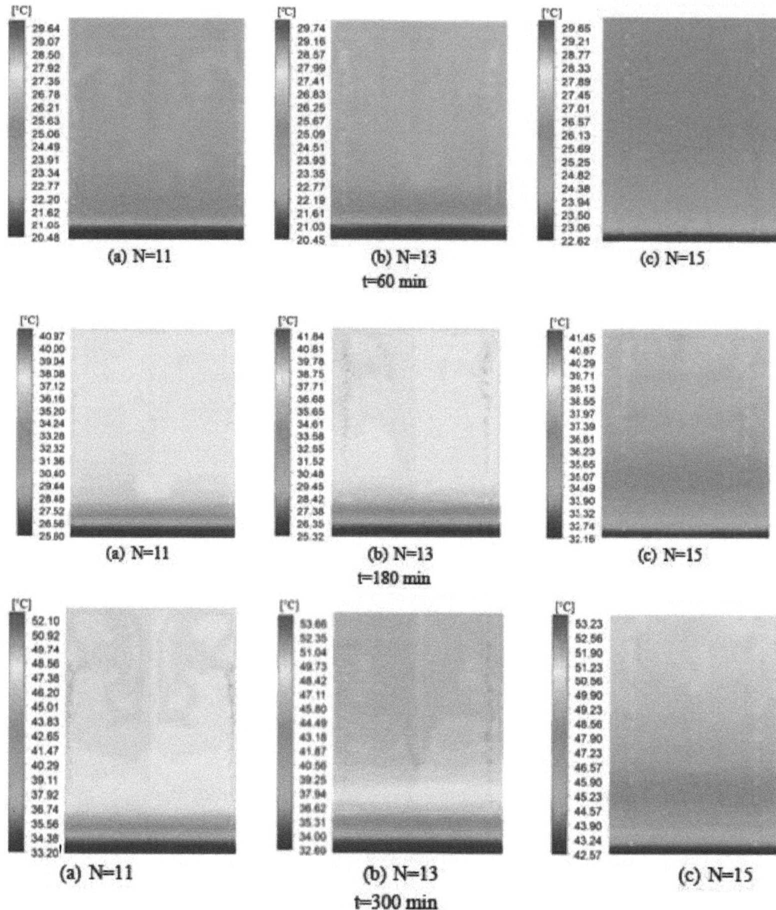

Figura 4. 21: Contornos de temperatura

2.2.3.5 Campo de pressão

A Figura 4.22 mostra a distribuição do campo de pressão no tanque para as três configurações N=11, N=13 e N=15 voltas. A partir dos resultados deste estudo, pode verificar-se que a pressão diminui à medida que o número de voltas do condensador helicoidal aumenta de N=11 para N=15. O sinal negativo dos valores de pressão corresponde à mudança de direção do fluxo de água no depósito, o que explica a presença de uma zona de pressão negativa. Estes resultados também mostram que a utilização um condensador helicoidal com N=11 voltas é, portanto, benéfica para melhorar a troca de calor entre as paredes do condensador e a água.

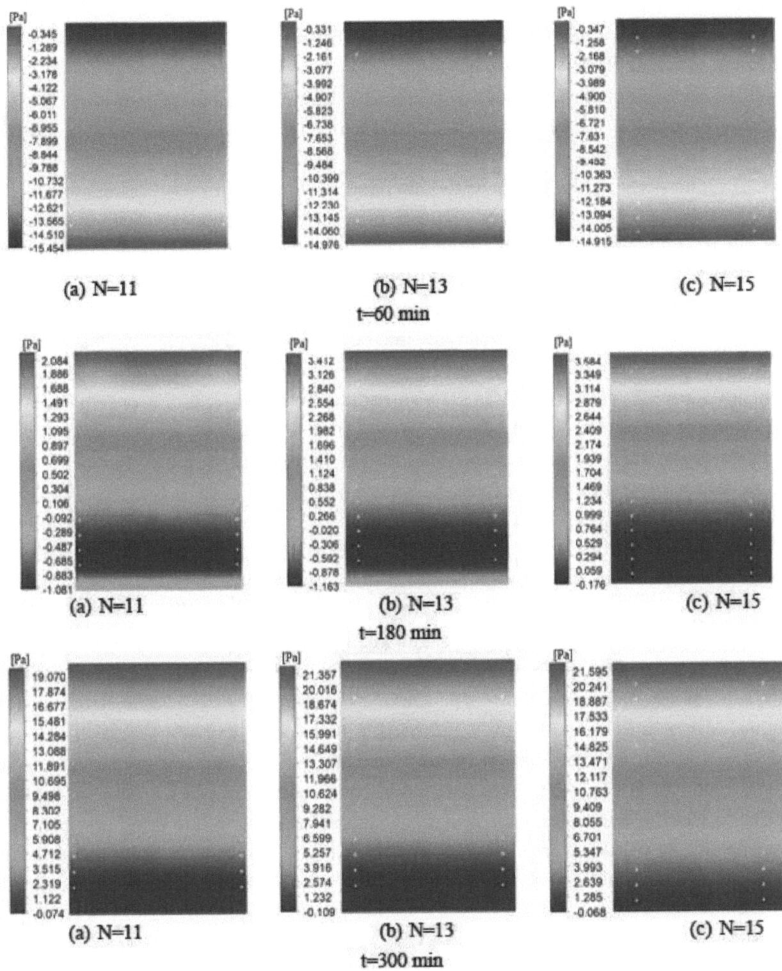

Figura 4. 22. Contornos de pressão

2.3 Otimização numérica da geometria do condensador helicoidal

O condensador helicoidal é amplamente utilizado em máquinas de refrigeração para a produção de água quente sanitária devido à sua eficiência energética, simplicidade de fabrico e melhor transferência de calor. É, portanto, de interesse desenvolver e otimizar os desenhos dos tubos do condensador helicoidal para o desempenho do sistema, a transferência de calor e a estratificação da temperatura no tanque. Por conseguinte, o objetivo deste estudo é melhorar o desempenho térmico de um condensador helicoidal através da modificação da forma do tubo. Assim, esta secção centra-se na influência da forma do tubo do condensador helicoidal no desempenho térmico, como a velocidade, a temperatura e o coeficiente de transferência de calor. Além disso, a obtenção da estrutura óptima do tubo do condensador e a melhoria do processo de transferência de calor entre o tubo do condensador e a água são de interesse para o funcionamento do frigorífico doméstico com condensador imerso para a produção de água

91

quente.

2.3.1 Comparação entre passo variável e passo constante

2.3.1.1 Perfil de velocidade

A influência da geometria do condensador na velocidade da água no interior do tanque é mostrada na Figura 4.23. Estes resultados numéricos mostram a evolução da velocidade da água quando se utiliza um condensador helicoidal com passo constante e outro com passo variável. O efeito deste parâmetro foi estudado para três tempos diferentes definidos por t=60 min, t=180 min e t=300 min. Para analisar e comparar o impacto deste parâmetro na distribuição da velocidade, a altura total, o comprimento e o diâmetro dos dois tipos de condensador são iguais. Além disso, os parâmetros geométricos do tanque de armazenamento de água são mantidos constantes. Após 1 h de aquecimento, verifica-se que o valor da velocidade aumentou com a utilização de um condensador helicoidal de passo variável. Nestas condições, a velocidade máxima atinge $V=0,017$ m.s^{-1}. Seguindo o processo de aquecimento até t= 3h, a velocidade da água aumentou ainda mais e a diferença na velocidade máxima também aumentou. Além disso, verifica-se que a utilização de um condensador helicoidal de passo variável provoca um aumento do coeficiente de transferência de calor no interior do depósito, o que, por sua vez, conduz a um aumento da velocidade da água. Ao aumentar o tempo de aquecimento para 300 min, a diferença é obviamente aumentada de forma significativa. Consequentemente, há efeitos claros da geometria do condensador na velocidade da água. Para um período máximo de aquecimento, t=300 min, os campos da velocidade da água versus a altura do tanque indicam que, com utilização do condensador helicoidal de passo variável, a área de transferência de calor nas partes inferior e média do tanque é aumentada. Este facto pode aumentar o fluxo de calor para a parte inferior do depósito e melhorar o desempenho térmico. Isto confirma que a convecção natural se torna importante com a utilização de um condensador helicoidal de passo variável. De facto, quando se utiliza um condensador de passo constante para o aquecimento de água, a parte inferior da água não favorece a convecção natural com a parte superior e a velocidade da água no interior torna-se muito baixa. Isto leva à estratificação térmica, que pode ser evitada com um condensador de passo variável. A comparação destes resultados confirma que a forma da bobina no condensador helicoidal tem um efeito direto na distribuição da velocidade da água.

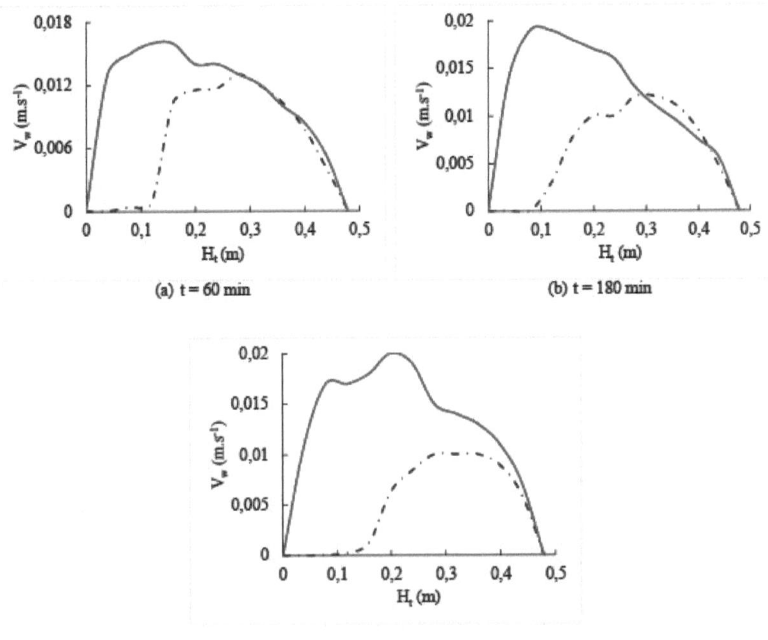

(c) t = 300 min

Figura 4. 23.Variação da velocidade da água em função da geometria do condensador **2.3.1.2**

Perfil de temperatura

A evolução da temperatura da água em função da altura do tanque para t=60 min, t=180 min e t=300 min é mostrada na Figura 4.24. Para a mesma condição de funcionamento, o perfil de temperatura foi traçado para dois tipos de condensador, nomeadamente o condensador helicoidal de passo constante e o condensador helicoidal de passo variável. Este estudo mostra o impacto da geometria do condensador na variação da temperatura da água no interior do tanque. Os resultados obtidos no estudo indicam que a geometria do condensador é um dos principais parâmetros que afectam a temperatura da água durante o processo de aquecimento. A análise destes resultados mostra que a temperatura da água aumenta com a altura do tanque. Após 1 hora de aquecimento, a temperatura da água na parte superior e média do depósito é uniforme e atinge o valor T=26,29 °C. No entanto, a temperatura diminui gradualmente de T=26,29 °C para T=20,46 °C do topo do tanque para o fundo, resultando numa diferença máxima de temperatura de 5,83 °C e 0,04 °C, respetivamente, para o condensador de passo constante e de passo variável. Assim, pode deduzir-se que, com utilização de um condensador de passo variável, a diferença de temperatura da água na linha central do depósito é reduzida. Para além disso, estes resultados indicam que, devido à extensão da transferência de calor pelo condensador de passo variável, a temperatura da água se espalhou uniformemente do topo para o fundo do tanque. Como resultado, a temperatura da água aumenta uniformemente quando o condensador de passo variável é utilizado. Isto pode explicado pelo facto de a transferência de calor proporcionada pelo condensador de passo variável ser relativamente elevada na parte inferior do condensador. À medida que o tempo de aquecimento aumenta, a temperatura da água também aumenta. Para t=180 min, a temperatura média da água é aumentada e a diferença máxima de temperatura na linha central do tanque é de 13,25 °C e 2,72 °C para o condensador de passo constante e o condensador de passo variável, respetivamente. Em t=300 min, os efeitos da geometria do condensador no comportamento térmico são ainda evidentes. Em comparação com a configuração do condensador de passo constante, o condensador de passo variável apresenta os perfis de temperatura mais elevados. Além disso, a temperatura da água no tanque é quase uniforme e a estratificação térmica é praticamente eliminada graças ao novo design deste condensador de passo variável.

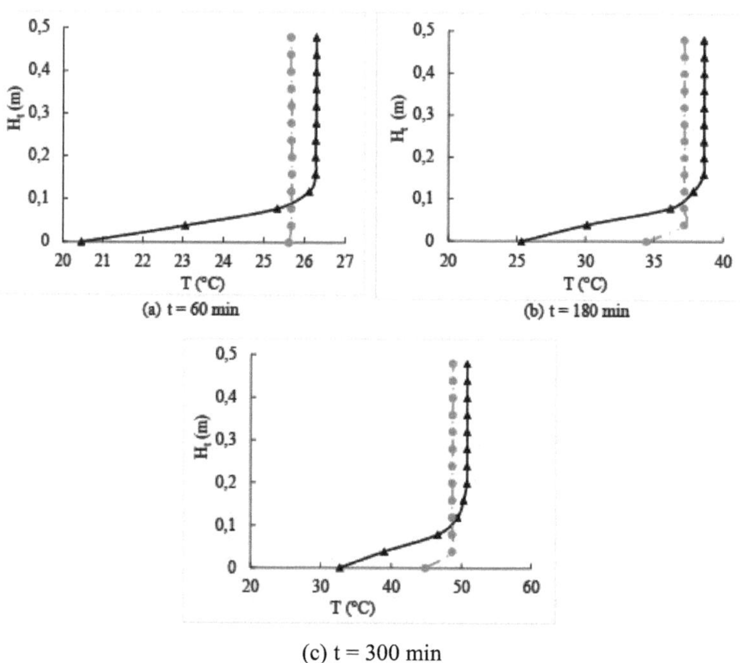

Figura 4. 24. Variação da temperatura da água em função da geometria do condensador

2.3.1.3 Perfil do coeficiente de transferência de calor

Para analisar qualitativamente as duas configurações propostas do condensador helicoidal, os perfis dos coeficientes de transferência de calor em três tempos de aquecimento diferentes definidos por t=60 min, t=180 min e t=300 min são apresentados na Figura 4.25. A partir destes resultados, é de notar que as duas configurações de condensador apresentam resultados semelhantes, com uma diminuição do coeficiente de transferência de calor com o aumento do tempo de aquecimento. Em t=60 min, o coeficiente médio de transferência de calor para o condensador de passo variável é de 424,60 W/m^2.K, enquanto que para o condensador de passo constante é de 413,47 W/m². K. À medida que o tempo de aquecimento aumenta de t=60 min para t=300 min, a transferência média de calor diminui e a diferença máxima entre os coeficientes calor das duas configurações aumenta. De facto, quando é utilizado o condensador helicoidal de passo variável, a transferência de calor aumenta. Isto deve-se principalmente ao seu fluxo de calor relativamente elevado na parte inferior, resultante da pequena distância entre os passos do condensador. Por conseguinte, pode deduzir-se que o condensador de passo variável tem o coeficiente de transferência de calor mais elevado em comparação com um condensador helicoidal de passo constante.

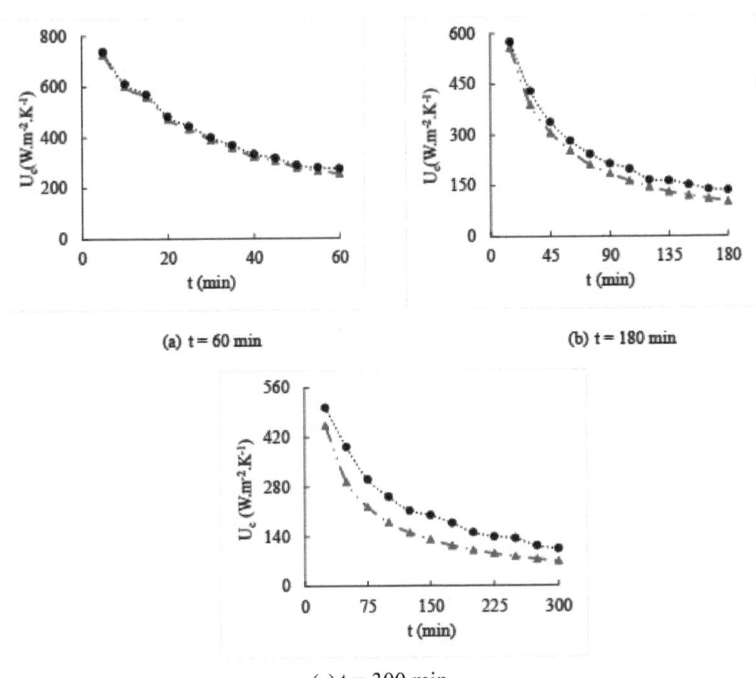

Figura 4. 25. Variação do coeficiente de transferência de calor em função da geometria do
condensador
condensador

2.3.1.4 Campo de velocidade

A Figura 4.26 mostra a variação da velocidade da água em função do tempo de aquecimento para as duas configurações de condensador com passo constante e variável. Para examinar a influência deste parâmetro geométrico na variação da velocidade, foram considerados três períodos de aquecimento diferentes, definidos respetivamente por t=60 min, t=180 min e t=300 min. A análise destes resultados mostra que a velocidade é muito baixa para o condensador de passo constante em comparação com a segunda geometria de passo variável. Após uma hora de funcionamento, a velocidade máxima da água é de 0,013 m/s e 0,016 m/s para o condensador de passo constante e o condensador de passo variável, respetivamente. Com o aumento do tempo de aquecimento de t=60 min para t=180 min, a velocidade máxima é de 0,020 m/s para o condensador de passo variável, enquanto que permanece a mesma para o condensador de passo constante. De facto, é de notar que a convecção é muito importante com a utilização de um condensador helicoidal de passo variável. Este facto confirma a escolha do condensador helicoidal para garantir o melhor desempenho. Em t=300 min, a velocidade máxima é igual a 0,010 m/s e 0,020 m/s para o condensador de passo constante e de passo variável, respetivamente. Além disso, estes resultados indicam que o condensador de passo variável melhora o coeficiente de transferência convectiva entre a água no recetor e o refrigerante no condensador. Isto é principalmente devido à redução do passo do condensador na parte inferior do tanque. Além disso, os resultados obtidos podem levar-nos a melhorar a convecção natural da parte inferior do condensador. Assim, a comparação entre estes resultados confirma que a geometria do condensador tem um efeito direto na distribuição do campo de velocidade da água, o que, por sua vez, contribui para melhorar a temperatura no depósito de armazenamento.

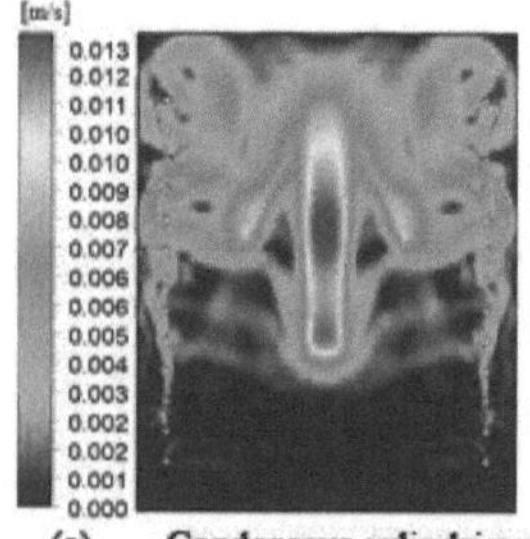

(a)   Condenseur cylindrique

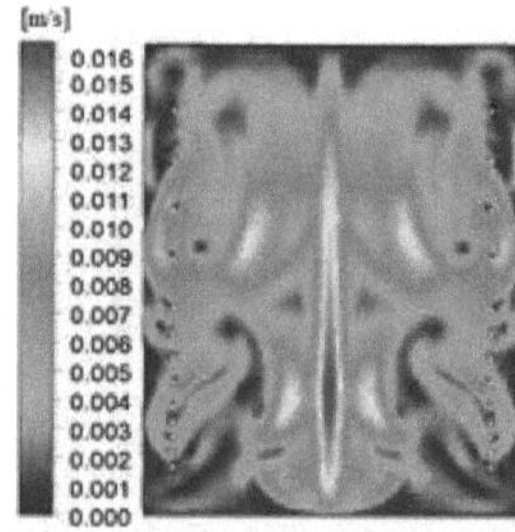

(b)   Condenseur cylindrique à pas variable

t = 60 min

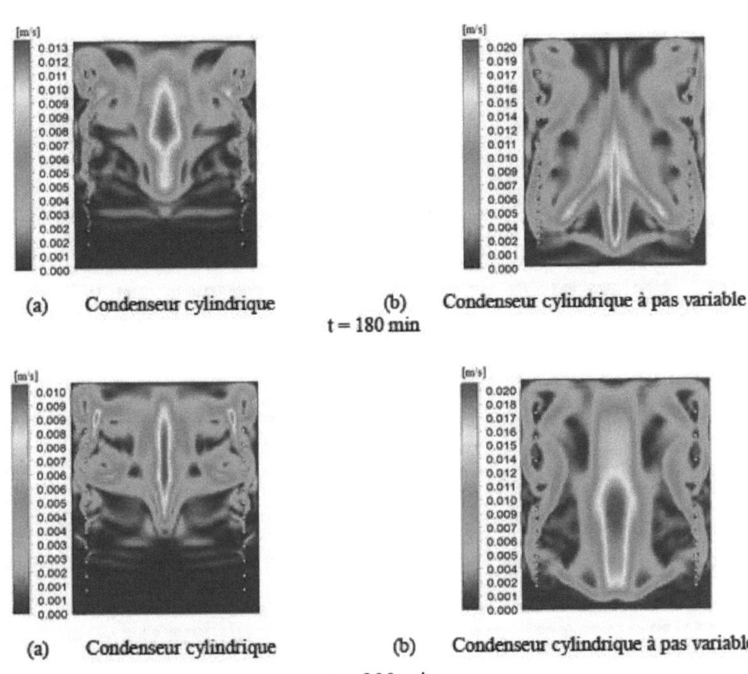

Figura 4. 26. Distribuição da velocidade

2.3.1.5 Campo de temperatura

Nesta secção, a distribuição da temperatura da água é apresentada para três tempos de aquecimento definidos por t=60 min, t=180 min e t=300 min. Os resultados mostram o impacto da geometria do condensador na distribuição da temperatura. Após 60 minutos de aquecimento, as temperaturas médias da água para um condensador de passo constante e um condensador de passo variável foram T=25,08 °C e T=26,61 °C, respetivamente. Neste estudo, a temperatura da água destas duas configurações é comparada. Os cálculos mostram que o fenómeno da estratificação térmica é notável quando é utilizado um condensador de passo constante. Para o mesmo período de aquecimento, a estratificação térmica diminui com a utilização de um condensador helicoidal de passo variável. É também interessante notar que a temperatura da água no interior do tanque
afetada pela geometria do condensador. Com o aumento do tempo de aquecimento de t=60 min para t=180 min, verifica-se que a distribuição da temperatura da água é afetada pela geometria do condensador. De facto, as temperaturas da água na parte inferior do tanque para o condensador de passo constante e de passo variável são iguais a T=25,3°C e T=34,4°C, respetivamente. Devido à diferença de temperatura na parte inferior do tanque, a estratificação térmica não pode ser melhorada utilizando um condensador de passo constante. Os resultados mostram que o grau de estratificação depende principalmente da geometria do condensador e do tempo de aquecimento. Nestas condições, pode ser visto que a diferença máxima entre a distribuição da temperatura da água para um condensador de passo constante e de passo variável aumenta com o aumento do tempo de aquecimento de t=60 min para t=300 min. Como resultado, a temperatura da água no tanque é uniforme e o fenómeno da estratificação

térmica é completamente eliminado graças à nova geometria utilizada.

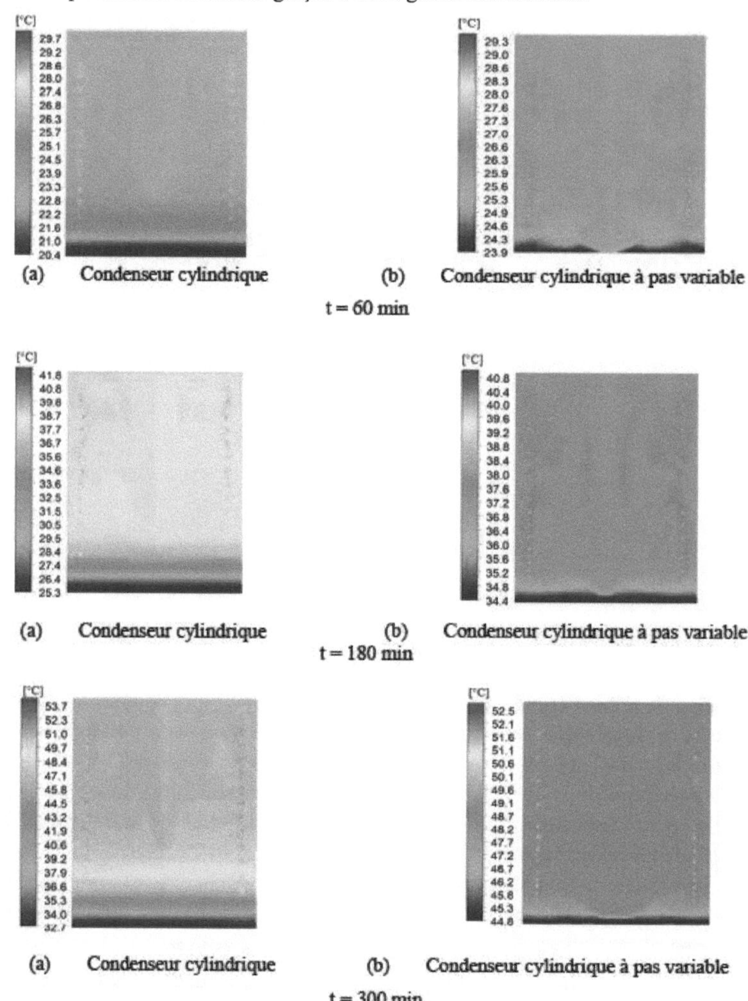

Figura 4. 27. Contornos de temperatura

2.3.1.6 Campo de pressão

É evidente que a geometria do condensador é um parâmetro importante que influencia o funcionamento de um frigorífico doméstico acoplado a um aquecedor de água. Consequentemente, é interessante estudar o efeito deste parâmetro na distribuição do campo de pressão dentro do tanque de água. A Figura 4.28 mostra que a pressão aumenta vantajosamente com o uso de um condensador helicoidal de passo variável. Como estes resultados indicam, um condensador helicoidal de passo variável apresenta assim um melhor desempenho térmico do que um condensador de passo constante.

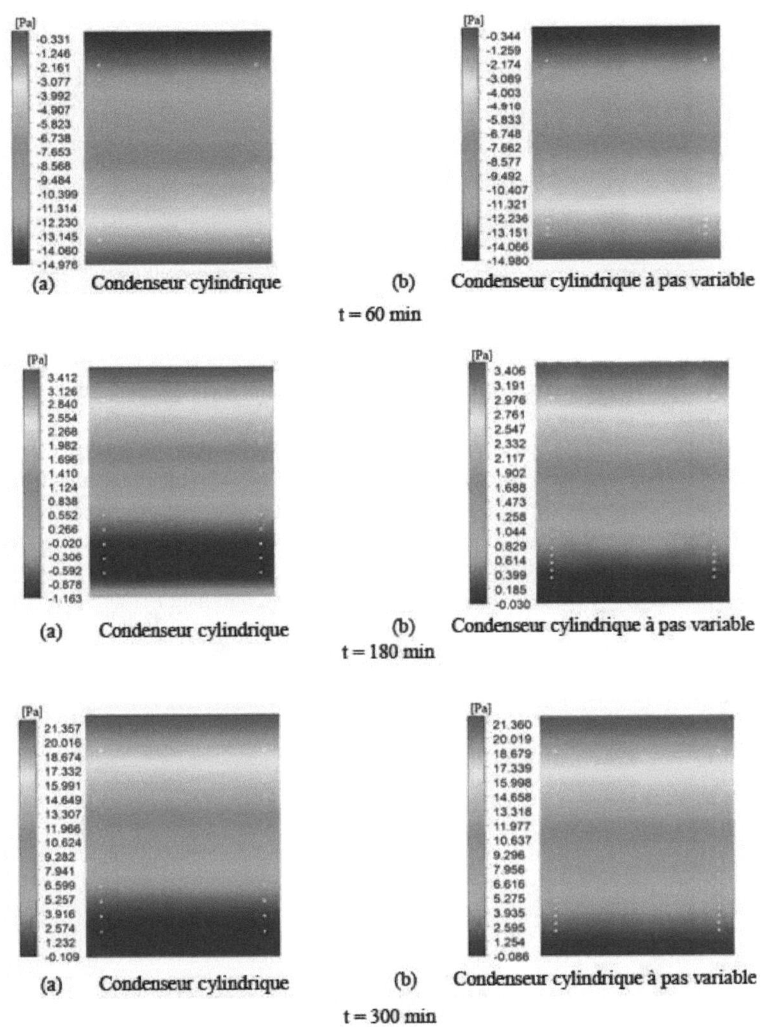

Figura 4. 28. Contornos de pressão

2.3.2 Efeito do diâmetro

Esta secção compara o desempenho de um condensador helicoidal de diâmetro variável com uma forma cónica e um condensador de diâmetro constante.

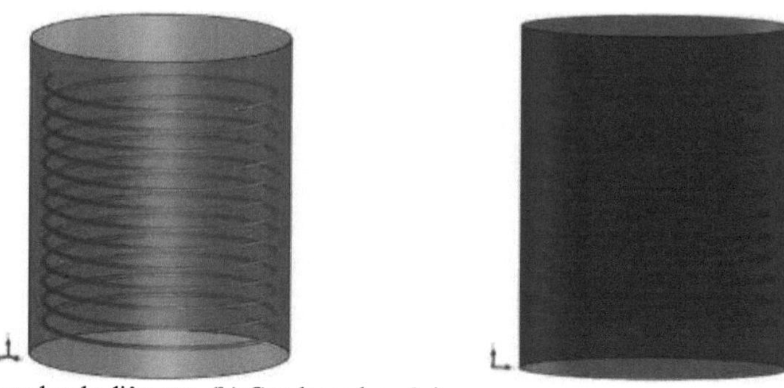

(a) Condensador de diâmetro (b) Condensador cónico
constante

Figura 4. 29. A geometria dos condensadores de diâmetro constante e variável

2.3.2.1 Perfil de velocidade

A influência da geometria do condensador na variação da velocidade da água é mostrada na Figura 4.30. Os resultados mostram que a forma externa do condensador helicoidal totalmente imerso no tanque de água afecta a variação da velocidade. Os cálculos confirmam que a utilização de um condensador em forma de cone para aquecer a água é, portanto, benéfica para melhorar o fenómeno de transferência de calor entre a parede do tubo e a água no seu exterior. Com o aumento do tempo de aquecimento de t=60 min para t=300min, a influência da geometria torna-se mais clara.

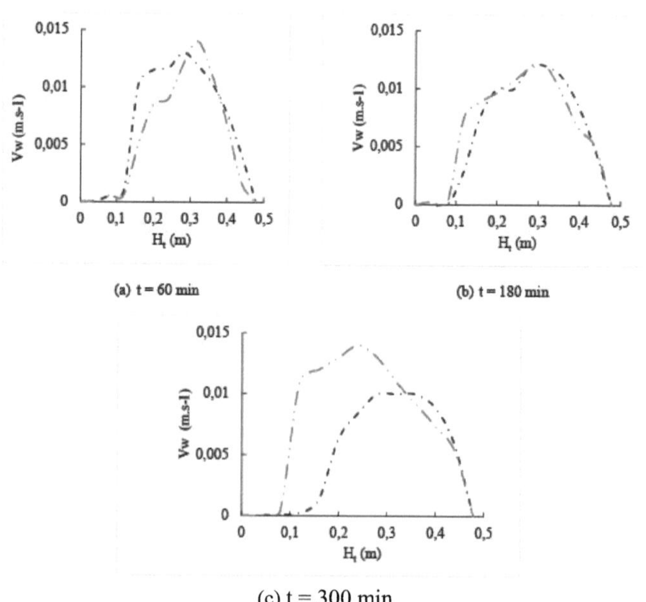

Figura 4. 30. Variação da velocidade da água em função da geometria do condensador

2.3.2.2 Perfil de temperatura

A Figura 4.31 mostra a variação da temperatura da água com a altura do tanque para os condensadores cilíndricos e cónicos para três tempos de aquecimento definidos por t=60 min, t=180 min e t=300 min. Em t=60 min, as temperaturas médias da água para o condensador cilíndrico e o condensador cónico são T=25,50 °C e T=25,53 °C, respetivamente. Esta diferença de temperatura deve-se principalmente ao aumento do diâmetro total do condensador no fundo do tanque. medida que o tempo de aquecimento aumenta, a temperatura média da água aumenta e o mesmo acontece com a diferença entre os dois resultados. Os resultados confirmam que a forma cónica do condensador melhora o processo de aquecimento e proporciona um maior fluxo de calor do que a forma cilíndrica. A recuperação do calor libertado por um condensador cónico aumenta a temperatura da água para 50,73°C. Como resultado, esta água quente pode ser utilizada para satisfazer as necessidades domésticas e industriais, como a limpeza e a lavagem.

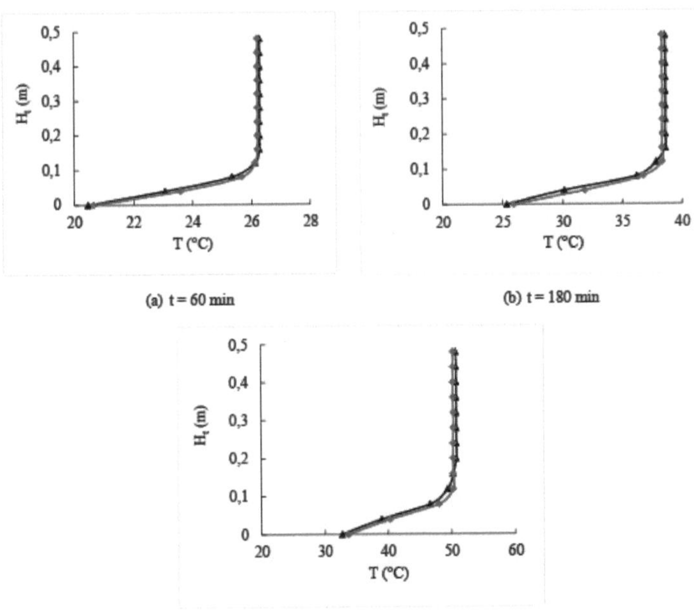

Figura 4. 31. Variação da temperatura da água em função da geometria do condensador

2.3.2.3 Perfil do coeficiente de transferência de calor

A Figura 4.32 mostra a variação do coeficiente de transferência de calor em função do tempo para um condensador cilíndrico e um cónico. A partir dos resultados obtidos, pode ver-se que o aumento do tempo de aquecimento de t=60 min para t=300 min provoca um aumento da diferença no coeficiente de transferência de calor entre o condensador de forma helicoidal e o de forma cónica. Além disso, o aumento do tempo de aquecimento reduz o coeficiente de

101

transferência de calor entre a parede do condensador e a água, como mostram os resultados obtidos. No início do funcionamento, o coeficiente de transferência de calor é igual a 700,38W/m^{-2}.K^{-1}. De seguida, diminui progressivamente até atingir um valor de 70,43 W/m^{-2}.K^{-1} após um período de t=300min. Este facto pode ser explicado pela diminuição da transferência de calor entre o condensador e a água devido ao aumento da temperatura da água no interior do depósito. Também se pode ver que o condensador cónico proporciona uma maior transferência de calor do que o condensador cilíndrico. Os resultados do estudo numérico indicam que a geometria do condensador é o principal parâmetro que afecta o coeficiente de transferência de calor.

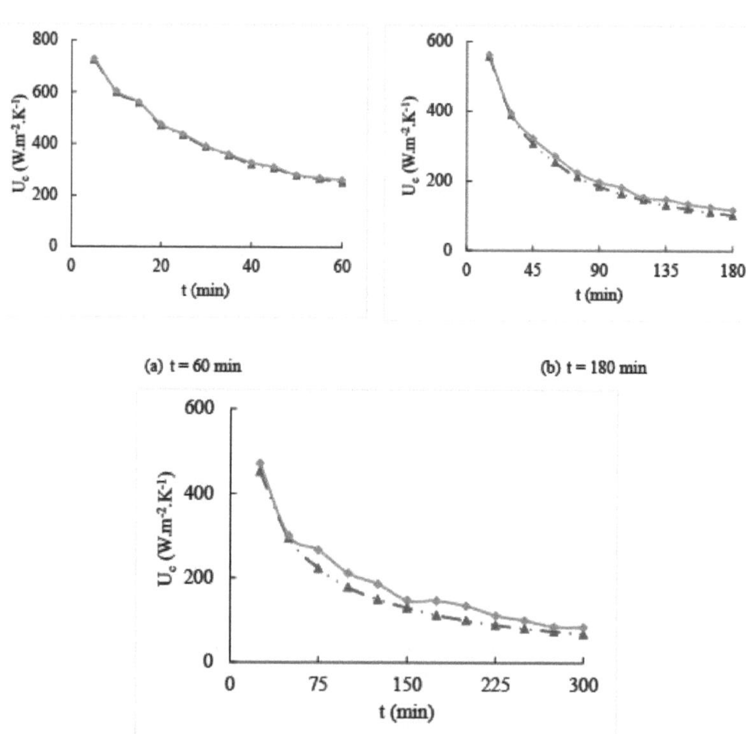

(c) t = 300 min Figura 4. 32. Variação do coeficiente de transferência de calor em função da geometria do condensador

2.3.2.4 Campo de velocidade

A Figura 4.33 mostra a distribuição da velocidade da água no tanque para diferentes tempos de aquecimento. Para examinar a influência deste parâmetro, estudámos dois condensadores com duas geometrias diferentes: uma forma cilíndrica simples e uma forma cónica. Dos resultados obtidos, é de notar que o condensador cónico conduz a um aumento da velocidade para os três tempos de aquecimento, em comparação com o condensador cónico. Este facto deve-se ao aumento da velocidade da água e do fluxo de calor proporcionado pelo condensador cónico na parte inferior do tanque. A comparação dos campos de velocidade da água realça a influência da geometria do condensador no desempenho térmico do frigorífico doméstico acoplado a um aquecedor de água.

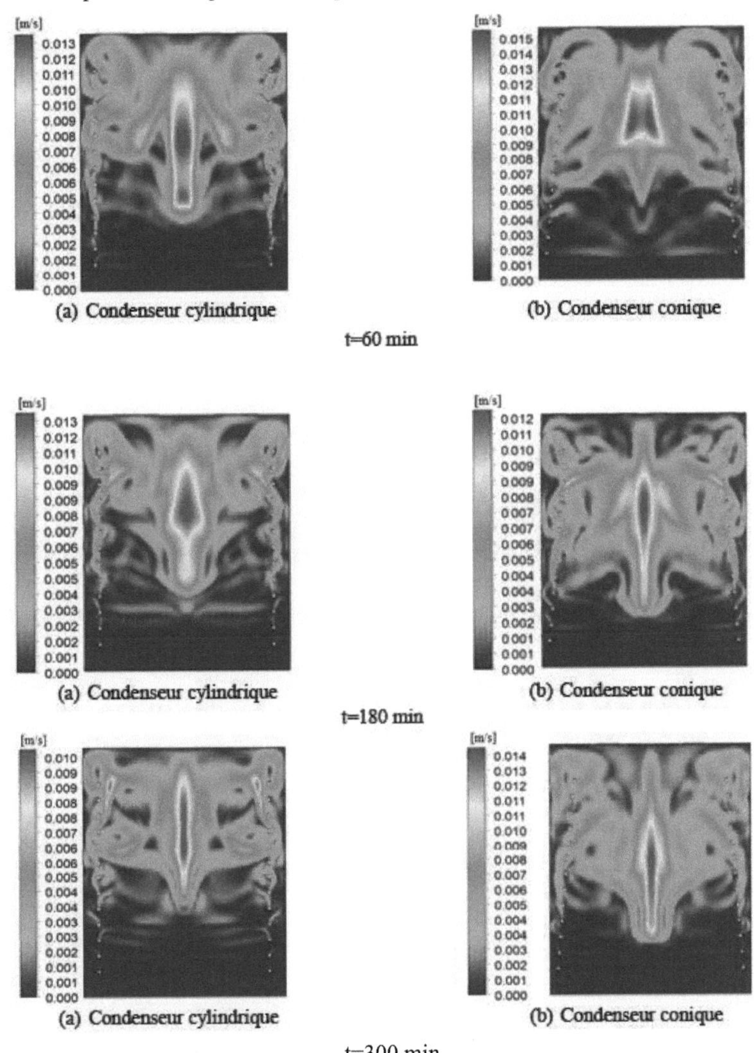

t=300 min

Figura 4. 33. Distribuição da velocidade

2.3.2.5 Campo de temperatura

O impacto da geometria do condensador na variação da temperatura da água é ilustrado na Figura 4.34. De acordo com os resultados obtidos, o fenómeno de estratificação é claro no tanque. Após o primeiro período de aquecimento t=60 min, verifica-se a existência de duas partes, surgindo uma parte superior homogénea a uma temperatura de 26°C. Por outro lado, a parte inferior aquece até 20,73°C em relação à temperatura inicial. Os resultados também mostram que, à medida que o tempo de aquecimento aumenta de t=60 min para t=300 min, a

103

temperatura aumenta. Para o mesmo período de aquecimento, o aumento da temperatura da água é significativo para um condensador cónico. É, portanto, evidente que o condensador cónico pode melhorar consideravelmente a estratificação da temperatura no tanque. Isto é principalmente devido à transferência de calor proporcionada pela maior área de superfície do condensador na parte inferior do tanque em comparação com a área na parte superior.

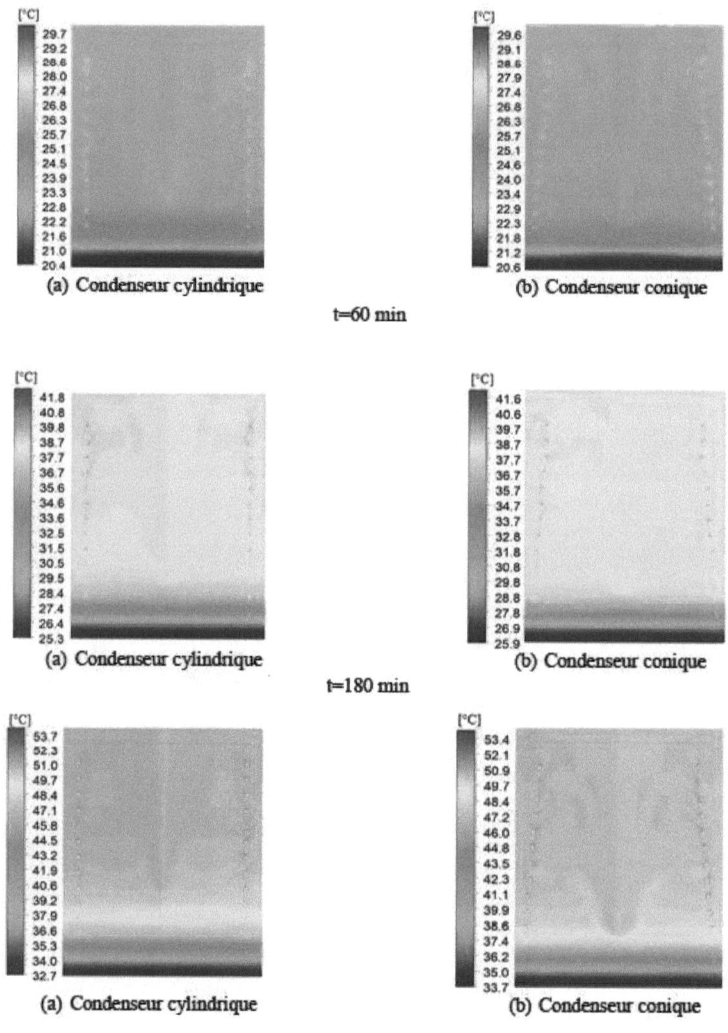

t=300 min

Figura 4. 34. Distribuição da temperatura

2.3.2.6 Campo de pressão

A Figura 4.35 mostra a distribuição de pressão para um condensador cilíndrico e um condensador cónico para diferentes tempos de aquecimento. Tal como no caso das temperaturas, o aumento da pressão é significativo para um condensador cónico.

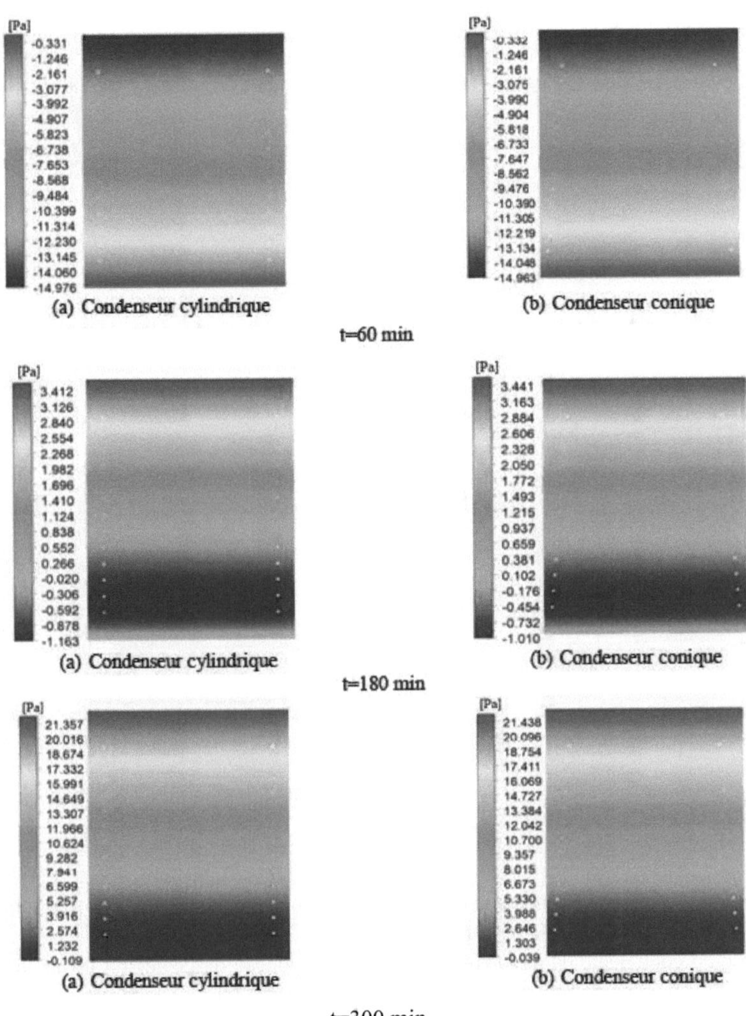

Figura 4. 35. Contornos de pressão

2.3.3 Comparação do desempenho entre o condensador cónico, o condensador de diâmetro constante e o condensador de passo variável

2.3.3.1 Perfil de temperatura

A Figura 4.36 mostra a variação da temperatura da água com diferentes geometrias de condensadores, nomeadamente o condensador de diâmetro constante, o condensador cónico e o condensador helicoidal de passo variável. Neste caso, as voltas estão muito próximas umas das outras na parte inferior do condensador. Dos resultados obtidos, é de notar que os perfis de temperatura seguem a mesma tendência para t=60 min, t=180 min e t=300 min. A partir deste estudo numérico, pode verificar-se que existe um fator principal que afecta a variação da temperatura da água no tanque durante os três períodos de aquecimento diferentes. Como resultado, a estratificação é reduzida e a temperatura no tanque é homogeneizada. Além disso, o impacto é ainda mais pronunciado para períodos de aquecimento mais longos. Estes resultados mostram que a distribuição da temperatura é mais importante para o condensador helicoidal com passo variável.

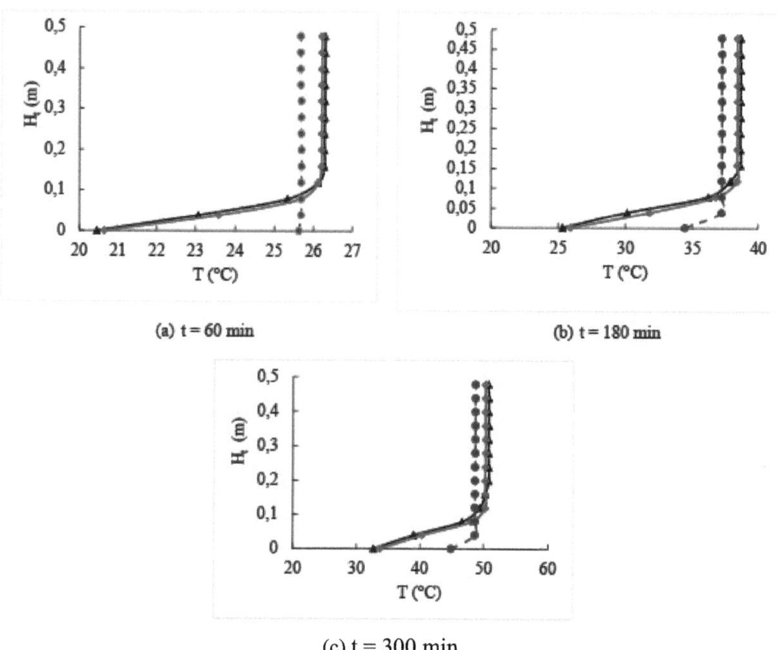

Figura 4. 36. Variação da temperatura da água em função da geometria do condensador

2.3.3.2 Perfil do coeficiente de transferência de calor

A variação do coeficiente de transferência de calor em função da geometria do condensador para diferentes tempos de aquecimento é mostrada na Figura 4.37. A partir destes resultados, pode ver-se que o condensador helicoidal de passo variável produz um fluxo de calor mais elevado do que as duas geometrias para o mesmo período de aquecimento. De facto, a pequena distância entre as voltas do condensador na parte inferior do tanque tem um efeito direto sobre estes resultados. Isto ajuda-nos a conceber melhor um condensador helicoidal garantir a melhor transferência de calor entre a parede do condensador e o fluido a ser aquecido.

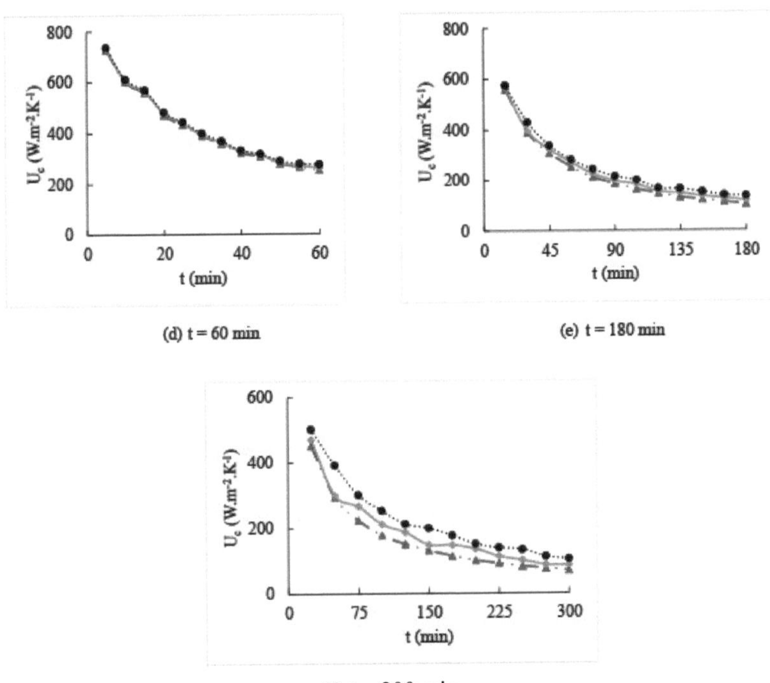

Figura 4. 37. Variação do coeficiente de transferência de calor em função da geometria do condensador
condensador

2.3.3.3 Campo de velocidade

Na tentativa de controlar melhor a geometria, foram introduzidas novas formas para os condensadores helicoidais, cónicos e helicoidais de passo variável. A Figura 4.38 apresenta a variação da velocidade da água em função da geometria, com o objetivo de demonstrar a influência deste parâmetro no comportamento térmico de um frigorífico doméstico acoplado a um termoacumulador. Os resultados obtidos mostram que, para t=60 min, a velocidade da água aumenta e atinge um valor máximo de 0,016 m/s quando se utiliza um condensador de passo variável. À medida que o tempo de aquecimento aumenta de t=60 min para t=300 min, a velocidade aumenta e a diferença entre os resultados torna-se mais clara. No entanto, com a utilização de um condensador helicoidal de passo variável, observa-se uma evolução cerca de 2 vezes mais rápida do que as outras duas geometrias. Assim, é interessante verificar o efeito deste parâmetro na variação da velocidade.

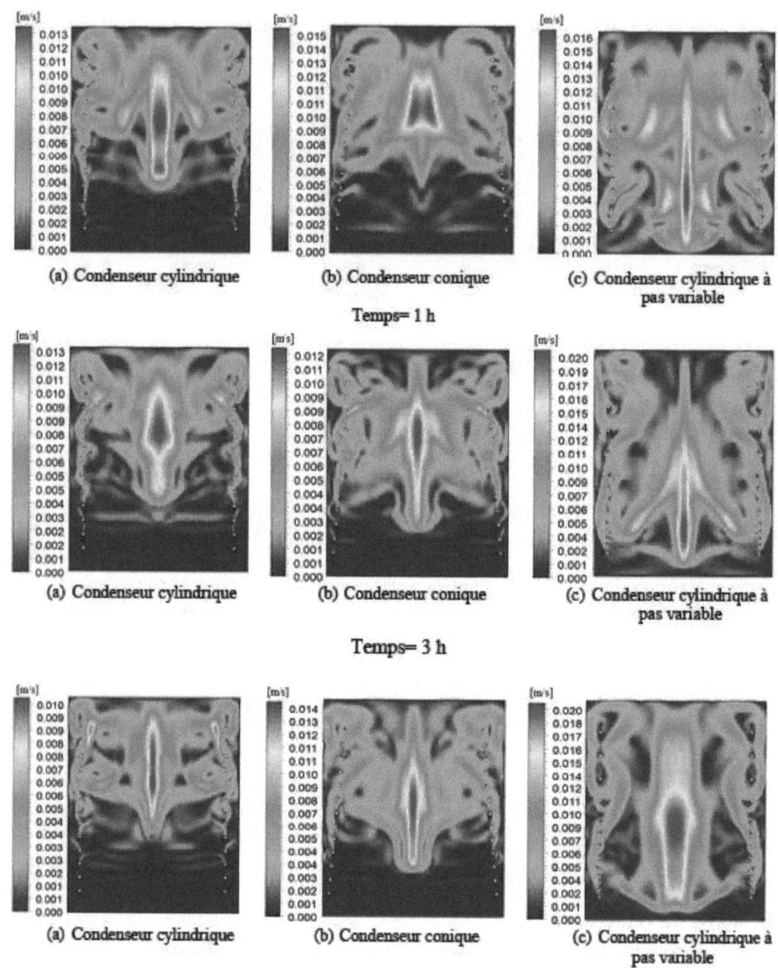

Figura 4. 38. Distribuição da velocidade

2.3.3.4 Campo de temperatura

De modo a generalizar o estudo a todas as geometrias de condensadores, realizámos um estudo numérico num condensador totalmente imerso num tanque de água de 50 litros. Para as mesmas condições de funcionamento, apresentámos a distribuição da temperatura da água para diferentes geometrias do condensador, como se mostra na Figura 4.39. Com a mudança de geometria, os resultados obtidos mostram um aumento muito significativo da temperatura na parte inferior do tanque, o que leva a uma redução do fenómeno de estratificação. Para um condensador helicoidal com passo variável, a temperatura máxima e a estratificação mínima no tanque são atingidas. Isto é devido à presença de um condensador de passo variável num tanque de água. Nestas condições, a transferência de calor entre o fluido frio e a parede quente regista uma clara melhoria.

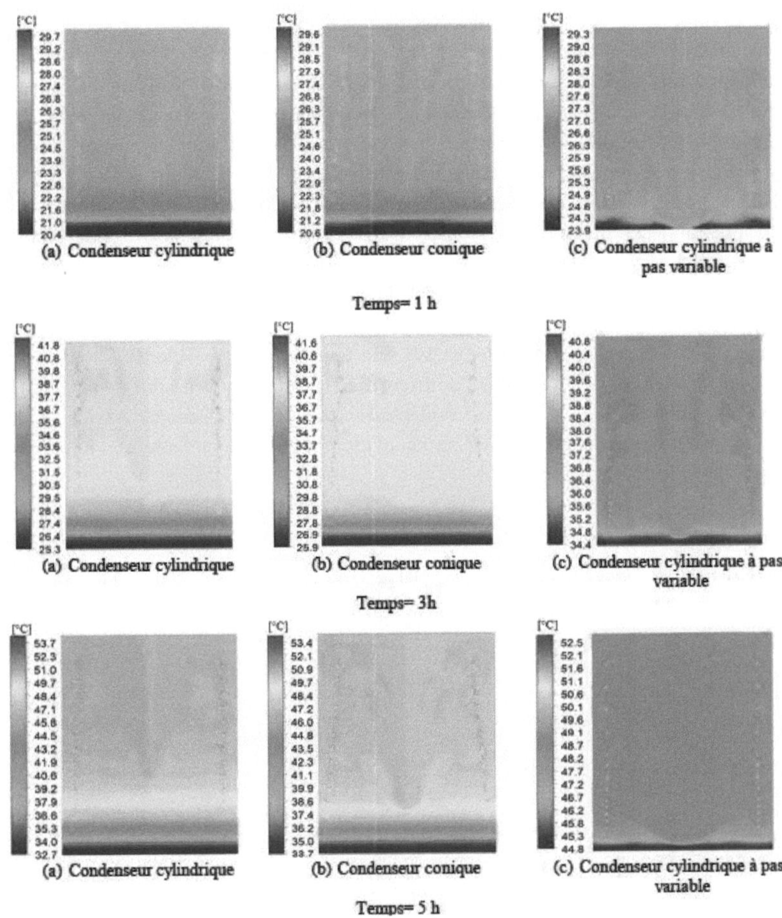

Figura 4. 39. Distribuição da temperatura

2.3 Análise do desempenho do frigorífico doméstico para diferentes geometrias A Figura 4.40 mostra a variação do coeficiente de desempenho de um frigorífico com um condensador helicoidal sob dois tipos de geometria definidos por um condensador helicoidal de passo variável e um condensador helicoidal de passo constante. Os resultados mostram que o desempenho de um frigorífico doméstico acoplado a uma unidade de produção de água quente sanitária diminui tempo de aquecimento. Isto deve-se ao aumento da temperatura da água no depósito de armazenamento, o que contribuiu para o aumento do consumo de energia eléctrica pelo compressor. Além disso, é fácil verificar que o desempenho do frigorífico com um condensador de passo constante e um condensador de passo variável é de 4,8 e 5, respetivamente, no início do funcionamento e de 1,6 e 2, respetivamente, após 300 minutos de funcionamento. Além disso, estes resultados indicam que o desempenho

desempenho diminui com o aumento da temperatura da água. Também deve ser mencionado que a eficiência do compressor será afetada. Quando a temperatura da água no reservatório é demasiado elevada, a perda de calor aumenta, o COP diminui e o funcionamento normal do compressor é afetado. A partir destes resultados, podemos ver que os coeficientes médios de desempenho para o condensador de passo constante e o condensador de passo variável são 3,03 e 3,52, respetivamente. Consequentemente, o coeficiente médio de desempenho é melhorado em 16,17% com a utilização de um condensador helicoidal de passo variável. Como resultado desta melhoria, o coeficiente de transferência de calor por convecção aumenta com a utilização de um condensador de passo variável. Como resultado, a nova configuração com um condensador helicoidal de passo variável leva a uma transferência de calor mais rápida na parte inferior do tanque, resultando num COP melhorado. Como já foi mencionado, o condensador de passo variável tem uma boa distribuição de transferência de calor na água, o que faz com que o COP do frigorífico com um condensador de passo variável seja mais elevado do que o de um condensador de passo constante. Assim, pode ser confirmado que o desempenho do sistema acoplado é significativamente melhorado com o uso de um condensador de passo variável.

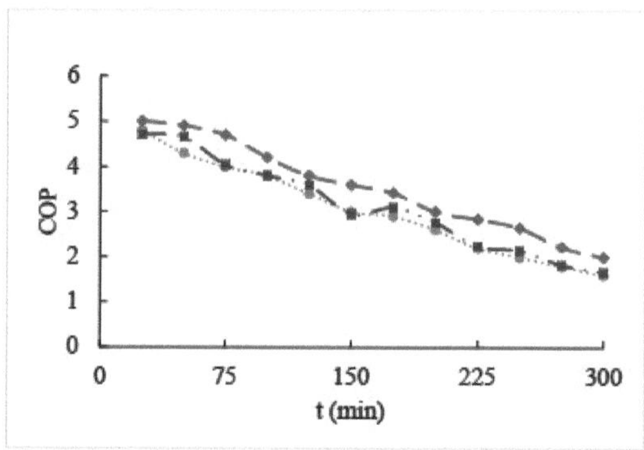

Figura 4. 40. Evolução do coeficiente de desempenho ao longo do tempo

3 Parte de dessalinização da água

Nesta secção, estudamos experimentalmente um aparelho de ar condicionado para a destilação de água salobra. Este estudo apresenta os resultados experimentais para cada dispositivo, tais como o perfil de temperatura dos vários componentes do aparelho de ar condicionado e a produção de água destilada ao longo do tempo. Em seguida, é desenvolvido um estudo de desempenho do sistema de ar condicionado acoplado a uma unidade de dessalinização de água. O objetivo desta secção é avaliar experimentalmente o desempenho do aparelho de ar condicionado acoplado a uma unidade de destilação de água.

3.1 Destilador

Os ensaios experimentais de um aparelho de ar condicionado acoplado a uma unidade de destilação de água salobra foram realizados em 06 de março de 2018.

3.2 Condições ambientais

O estudo experimental foi efectuado em março e abril em diferentes condições ambientais para o mesmo parâmetro geométrico do aparelho de ar condicionado e do destilador. A temperatura ambiente é de cerca de 20°C a 21°C.

3.3 Perfil de temperatura

A variação da temperatura da água no banho de aquecimento e a temperatura do evaporador são ilustradas na Figura 4.41. Graças ao elevado fluxo de calor emitido pelo condensador do ar condicionado, a temperatura do banho e a da água emergente que aquece no banho aumentam. Além disso, a temperatura da água aumenta até atingir 57°C entre as 8 e as 10 horas. Nestas condições, a temperatura máxima do vidro é de cerca de 34°C. Este valor é inferior ao da água, o que permite a condensação do vapor de água. Os resultados também mostram que a temperatura da água varia proporcionalmente com o aumento do tempo de aquecimento. Embora a temperatura da água e o caudal recuperado aumentem, a temperatura do evaporador não é afetada e varia entre 19°C e 20,5°C.

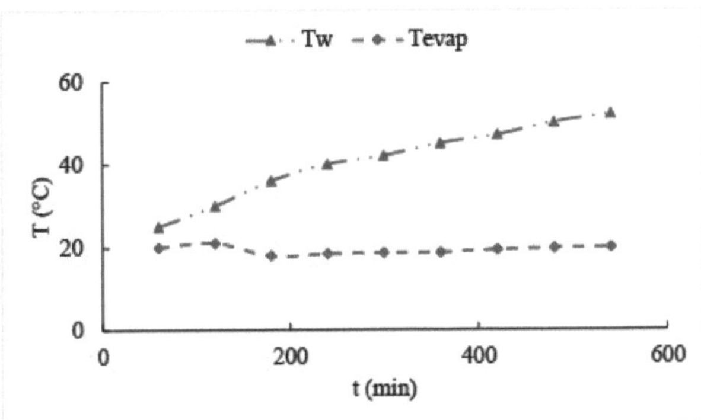

Figura 4. 41. Evolução da temperatura da água e do evaporador ao longo do tempo

3.4 Caudal de água recuperada

O caudal horário de água recuperada durante o nosso estudo experimental é apresentado na Figura 4.42. De acordo com os resultados obtidos, a partir das 4 h começa a registar-se um aumento notável da produção. A água destilada é recuperada após a condensação do vapor de água no vidro. Verifica-se também que a variação da produção de água destilada se deve a vários factores, tais como o fluxo de calor, a temperatura ambiente, o volume de água e a espessura da salmoura. Além disso, este resultado indica que a produção máxima é de 180 ml/h para o dia 06 de março de 2019. De facto, o aumento da massa de água de banho em condições ambientais semelhantes reduz a temperatura da água e a produção de água potável diminui.

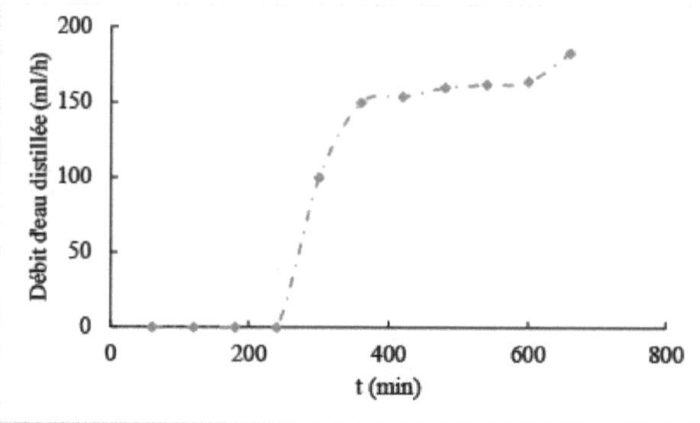

Figura 4. 42. Caudal horário da água recuperada

3.5 Desempenho do ar condicionado

Como se mostra na Figura 4.43, o coeficiente de desempenho global máximo para um aparelho de ar condicionado acoplado a uma unidade de destilação de água salobra é da ordem de COP = 6,11. A partir dos resultados obtidos, pode ver-se que o coeficiente de desempenho aumenta até atingir 6 entre as 11 e as 13 horas. De seguida, diminui à medida que a transferência de calor entre a parede do condensador e a água diminui. A queda do COP após um período de funcionamento deve-se principalmente ao aumento da temperatura da água no banho.

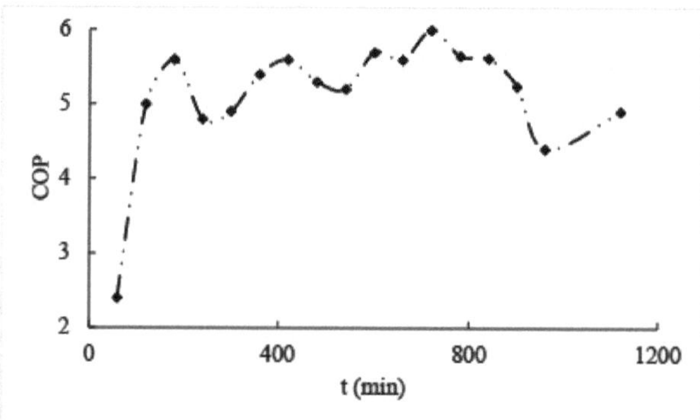

Figura 4. 43. Evolução do coeficiente de desempenho ao longo do tempo

4 Conclusão

Este capítulo reúne os vários resultados teóricos e experimentais obtidos durante a análise de um frigorífico doméstico acoplado a um esquentador e a um aparelho de ar condicionado que destila água salobra. Para atingir os nossos objectivos, estruturámos o capítulo em duas partes, que representam as principais linhas de força desta investigação.

Na primeira parte, foi apresentada uma análise do comportamento térmico de um frigorífico acoplado a um esquentador. Ilustrámos os vários resultados teóricos dos modelos matemáticos desenvolvidos para avaliar o desempenho de um frigorífico doméstico acoplado a uma unidade de produção de água quente sanitária. De facto, foi realizado um estudo paramétrico para melhorar o comportamento térmico do condensador helicoidal totalmente imerso num tanque de água. Foi efectuada uma análise qualitativa de vários parâmetros de conceção do condensador, nomeadamente o diâmetro do tubo, o passo do condensador e o número de voltas. resultados da simulação numérica obtidos mostraram a distribuição da velocidade, da pressão e da temperatura. Foram também traçados os perfis dos coeficientes de transferência de calor, temperatura e velocidade, de modo a evidenciar o impacto da geometria externa do condensador no seu comportamento térmico.

Na segunda parte, estudámos o aparelho de ar condicionado utilizado para destilar a água. As experiências efectuadas mostram que a produção de água potável depende de vários parâmetros, tais como a temperatura ambiente, o tempo de funcionamento e o volume de água. As experiências mostram também que a produção de água potável é proporcional à temperatura da água e tende a aumentar à medida que o tempo de funcionamento aumenta.

Conclusões gerais e perspectivas

A produção de água quente sanitária e a dessalinização de água salobra são processos fundamentais que aumentam de eletricidade no sector residencial e conduzem a um aumento das emissões de gases com efeito de estufa. Consequentemente, convencionais para satisfazer estas necessidades são considerados altamente intensivos em termos energéticos. Com a exigência de reduzir as emissões de CO_2 e o consumo de energia fóssil, um sistema de refrigeração acoplado a uma unidade de aquecimento de máquinas de refrigeração e/ou dessalinização de água é visto como uma solução promissora e económica para reduzir eletricidade e as emissões de dióxido de carbono. Isto explica a utilização de máquinas de refrigeração acopladas, que registaram um desenvolvimento notável nos últimos anos.

Neste contexto, o objetivo desta tese é estudar um frigorífico que água doméstica e um aparelho de ar condicionado que destila água salobra. O objetivo é compreender melhor o fenómeno da transferência de calor, explorando a rejeição térmica das máquinas frigoríficas acopladas, a fim otimizar a quantidade de água a aquecer diariamente. O estudo deve, portanto, continuar, concentrando-se na modelização do funcionamento e do acoplamento do frigorífico ao esquentador, a fim de contribuir para o desenvolvimento de uma unidade de aquecimento de água doméstica que seja económica, eficiente e sem impacto negativo ambiente.

Neste trabalho, foi estabelecido um modelo que descreve o funcionamento e o acoplamento do frigorífico ao termoacumulador, utilizando o método dos volumes finitos. Os sistemas de equações diferenciais que formam este modelo foram resolvidos utilizando o software ANSYS Fluent. O cálculo da transferência de calor por convecção é efectuado num domínio axissimétrico bidimensional (2D) com uma malha refinada junto ao tubo do condensador e à parede do depósito. Os resultados obtidos por este modelo numérico foram comparados com os obtidos experimentalmente. Uma vez validado o modelo matemático, este foi publicado numa revista de renome internacional.

Foram apresentados os resultados obtidos para os diferentes parâmetros de estudo e para os dois frigoríficos e o ar condicionado. Estes resultados mostram também que :

■ O frigorífico doméstico pode ser utilizado para produzir água quente sem alterar o seu papel principal no processo de arrefecimento.

■ À medida que a temperatura da água aumenta, o coeficiente de troca convectiva diminui, atingindo um valor mínimo de 68,64 $W.m^{-2}.K^{-1}$ após 300 min de aquecimento.

■ A água quente flui continuamente para cima e acumula-se na parte superior do tanque, formando uma zona de alta temperatura. Observámos também que a temperatura da água na parte superior do tanque é obviamente mais elevada do que na parte inferior.

■ A distância entre as serpentinas do condensador é um fator importante que influencia o desempenho térmico de uma máquina de refrigeração utilizada para produzir água quente sanitária.

■ A geometria do condensador é o principal parâmetro que afecta a temperatura da água no interior do depósito.

■ O aumento do passo do condensador reduz o coeficiente de transferência de calor entre a parede do tubo e a água. Como resultado, a perda de calor aumenta.

■ O diâmetro do tubo do condensador é o principal parâmetro que afecta a velocidade da água.

■ O diâmetro do tubo é um fator importante que afecta o desempenho térmico de um frigorífico doméstico acoplado a um aquecedor de água.

■ Reduzir o número de voltas e, ao mesmo tempo, aumentar o diâmetro do condensador também garante uma boa turbulência na parte superior do tanque e, portanto, uma boa transferência de calor por convecção natural.

■ A utilização de um condensador helicoidal com N=11 voltas é, portanto, benéfica para melhorar a troca de calor entre as paredes do condensador e a água.

■ A comparação dos resultados confirma que a forma externa do condensador helicoidal tem um efeito direto na distribuição da velocidade da água.

■ O condensador de passo variável melhora o coeficiente de transferência convectiva entre a água no reservatório e o refrigerante no condensador.

■ A variação da pressão estática da água é proporcional à geometria do condensador.

■ A utilização de um condensador cónico para aquecer a água revela-se assim a solução ideal.

benéfico para melhorar o fenómeno de transferência de calor entre a parede do tubo e a água exterior.

Um dos objectivos desta tese é trabalhar para melhorar o desempenho térmico das máquinas de refrigeração utilizadas para produzir água quente sanitária utilizando o calor libertado pelo condensador. Em particular, propomos modificar as formas geométricas do condensador e acoplar um condensador de passo variável a um condensador de diâmetro variável.

Referências

1- Carolina Flores Bahamonde, Étude des transferts de masse et de chaleur au sein d'un absorbeur eau/bromure de lithium, Tese 7 de agosto de 2006

2- Oussama Ibrahim et al, Air source heat pump water heater: Dynamic modeling, optimal energy management and mini-tubes condensers, Energy (2013), 2013.11.017.

3- Recuperação de calor e utilização de rejeições térmicas, Planificação, construção e exploração racional da recuperação de calor e da utilização de rejeições térmicas, RAVEL no domínio do calor, Cahier 2.

4- Hong Li et al, Study on performance of solar assisted air source heat pump systems for hot water production in Hong Kong, Applied Energy 87 (2010) 2818-2825.

5- Jiaheng Chen, Jianlin Yu, Análise teórica sobre um novo ciclo de bomba de calor de ejetor-compressão assistida por energia solar de expansão direta para aquecedor de água, Solar Energy 142 (2017) 299307.

6- Xinhui Zhao et al ,Estudo experimental sobre o desempenho de aquecimento da bomba de calor de fonte de ar com tanque de água para armazenamento de energia térmica, Procedia Engineering 205 (2017) 2055-2062.

7- Xiaolin Sun et al, Performance comparison of direct expansion solar-assisted heat pump and conventional air source heat pump for domestic hot water, Energy Procedia 70 (2015) 394 - 401.

8- Nannan Dai, Shuhong Li, Simulação e análise de desempenho na bobina do condensador no aquecedor de água da bomba de calor doméstica, Cidades Sustentáveis e Sociedade 36 (2018) 176-184

9- Qiang Ye, Shuhong Li, Investigação sobre o desempenho e a otimização do aquecedor de água da bomba de calor com bobina do condensador envolvente, International Journal of Heat and Mass Transfer 143 (2019) 118556

10- Andreas Genkinger et al, Combining heat pumps with solar energy for domestic hot water production, Energy Procedia 30 (2012) 101 - 105.

11- Mustafa S. Mahdi, Hameed B. Mahood, Alasdair N. Campbell, Anees A. Khadom, Estudo Experimental sobre o Comportamento de Fusão de um Material de Mudança de Fase em uma Unidade de Armazenamento de Energia Térmica de Calor Latente de Bobina Cônica, Engenharia Térmica Aplicada (2019), doi: https://doi.org/10.1016/j.applthermaleng.2019.114684

12- V. Skrivan, Utilisation of the heat of condensation from medium capacity refrigerating units for heating water, International Journal of Refrigeration Volume 7 Number 1 January 1984.

13- D. Carbonell et al, Potencial benefício da combinação de bombas de calor com energia solar térmica para aquecimento e preparação de água quente sanitária, Energy Procedia 57 (2014) 2656 - 2665.

14- Flora B.F et al, Bomba de calor para aquecimento de água para fins domésticos utilizando um controlo de compressor de velocidade variável.

15- Hong Li et al, Study on performance of solar assisted air source heat pump systems for hot water production in Hong Kong, Applied Energy 87 (2010) 2818-2825.

16- Mei VC et al, A study of a natural convection immersed condenser heat pump water heater. ASHRAE Trans 2003; 109 (2):3-8.

17- Jianbo Qin et al, Investigação experimental da distribuição do diâmetro das bolhas de gás num sistema de aquecimento de água com bomba de calor doméstica, Energy Procedia 123 (2017) 361-368.

18- Romdhane Ben Slama, Termodinâmica do calor da água pelo condensador do frigorífico, Int. Symp. on Convective Heat and Mass Transfer in Sustainable Energy 26 de abril - 1 de maio de 2009, Tunísia.

19- Walid Youssef et al, Effects of latent heat storage and controls on stability and performanceof a solar assisted heat pump system for domestic hot water production, Solar Energy 150 (2017) 394-407.

20- Tianji Liu et al, Experimentos de um sistema de aquecimento de água com bomba de calor usando energia solar armazenada para descongelar, A 8ª Conferência Internacional sobre Energia Aplicada - ICAE2016, Energy Procedia 105 (2017) 1130 - 1135.

21- Kadir Bakirci et al, Experimental thermal performance of a solar source heat-pump system for residential heating in cold climate region, Applied Thermal Engineering 31 (2011) 1508-1518.

22- Ralf Dott et al, System evaluation of combined solar & heat pump systems, Energy Procedia 30 (2012) 562 - 570.

23- Sara Eicher et al, Solar assisted heat pump for domestic hot water production, Energy Procedia 30 (2012) 571 - 579.

24- Romdhane Ben Slama, Acoplamento do frigorífico a um aquecedor de água e a um piso aquecido para poupar energia e reduzir as emissões de carbono, Computational Water, Energy, and Environmental Engineering, 2013, 2, 21-29.

25- Jing-Wei Peng et al, Performance comparison of air-source heat pump water heater with different expansion devices, Applied Thermal Engineering 99 (2016) 1190-1200.

26- G.G. Momin et al, Cop Enhancement of Domestic Refrigerator by Recovering Heat from the Condenser, International Journal of Research in Advent Technology, Vol.2, No.5, May 2014 E-ISSN: 2321-9637.

27- Lakshya Soni et al, Waste heat recovery system from domestic refrigerator for water and air heating, International Journal of Engineering Sciences and Research Technology.

28- Jadhav. P. J et al, Recuperação de calor do frigorífico utilizando aquecedor de água e caixa quente, International Journal of Engineering Research & Technology (IJERT), ISSN: 22780181, Vol. 3 Issue 5, May - 2014.

29- N. B. Chaudhari et al, Heat Recovery System from the Condenser of a Refrigerator - an Experimental Analysis, ISSN (Print): 2319-3182, Volume -4, Issue-2, 2015.

30- Sreejith K. et al, Experimental Investigation of a Household Refrigerator using Aircooled and Water-cooled Condenser, Research Inventy: International Journal of Engineering And Science, Vol.4, Issue 6 (June 2014), PP 13-17,ISSN: 2278-4721, Issn (p):2319-6483, www.researchinventy.com.

31- Omkar Borkar et al, A Review on Utilization of Waste Heat from a Refrigerator, IJSRD - International Journal for Scientific Research & Development| Vol. 5, Issue 01, 2017 | ISSN (online): 2321-0613.

32- Prashant.S.Pathak et al, Estudo de revisão da recuperação de calor residual usando sistema de refrigeração, GRD Journals- Global Research and Development Journal for Engineering | Volume 2 | Issue 5 | April 2017, ISSN: 2455-5703.

33- Pratik Kumbhar et al, Design and Development Waste Heat Recovery from Domestic Refrigerator, International Journal of Advance Research, Ideas and Innovations in Technology, ISSN: 2454-132X, Volume3, Issue2. Disponível em linha em www.ijariit.com.

34- Soma A. Biswas et al, Waste heat recovery from domestic refrigerator, International Journal of Current Engineering and Scientific Research (IJCESR), ISSN (PRINT): 2393-8374, (ONLINE): 2394-0697, Volume 4, Issue9, 2017.

35- Sreejith K., Investigação Experimental de um Frigorífico Doméstico com Condensador Arrefecido a Água Utilizando Vários Óleos de Compressor, Revista Internacional de Engenharia e Ciência, 2278-4721, Vol. 2, Edição 5 (fevereiro de 2013), Pp 27-31, Www.Researchinventy.Com.

36- Sreejith K et al, Investigação Experimental de um Frigorífico Doméstico Utilizando Condensador de Arrefecimento Evaporativo, Revista Internacional de Engenharia e Ciência, Vol.7, Edição 4 (abril de 2017), PP -01-06, 2278-4721, Issn (p):2319-6483, www.researchinventy.com.

37- Tanmay Patil et al, A Review On Recovering Waste Heat From Condenser Of Domestic Refrigerator, International Journal of scientific research and management (IJSRM), Volume||3|Issue|||3|Pages|| 2409-2414|||2015||, Website: www.ijsrm.in ISSN: 2321-3418.

38- Tarang Agarwal et al, Cost-Effective COP Enhancement of a Domestic Air Cooled Refrigerator using R-134a Refrigerant, International Journal of Emerging Technology and Advanced Engineering, Website: www.ijetae.com ISSN 2250-2459, ISO 9001:2008 Certified Journal, Volume 4, Issue 11, novembro de 2014.

39- Hanning Li et al, Techno-economic feasibility of absorption heat pumps using wastewater as the heating source for desalination, Desalination 281 (2011) 118-127.

40- Farzaneh Mahmoudi et al, Sustainable seawater desalination by permeate gap membrane distillation technology, Energy Procedia 110 (2017) 346 - 351.

41- Giuseppe Franchini et al, Modelação de um sistema de dessalinização solar HD: Humidificação-Desumidificação, Energy Procedia 45 (2014) 588 - 597.

42- Jinzeng Chen et al, A discussion of "Heat pumps as a source of heat energy for desalination of seawater", Desalination 169 (2004) 161-165.

43- S. Jasechko, Z.D. Sharp, J.J. Gibson, S.J. Birks, Y. Yi e P.J. Fawcett, Fluxos de água terrestres dominados pela transpiração, Nature 496 (2013), pp. 347-350.

44- R. Tripathi and G.N. Tiwari, Performance evaluation of a solar still by using the concept of solar fractionation, Desalination 169 (2004), pp. 69-80

45- A. Kettab, Les ressources en eau en Algérie: stratégies, enjeux et vision, Desalination 136 (2001), pp. 25-33.

46- A. Maurel, Dessalement de l'eau de Mer et Des Eaux Saumâtres et Autres Procédés Non Conventionnels d'approvisionnement En Eau Douce, Éditions Tec & Doc, 2001.

47- A.A. El-Sebaii e E. El-Bialy, Advanced designs of solar desalination systems: A review, Renewable and Sustainable Energy Reviews 49 (2015), pp. 1198-1212.

48- O. Halloufi, Etude de la performance d'un distillateur solaire par un système de pré-chauffage solaire de l'eau saumatre, (2010), .

49- S. Satcunanathan e H.-P. Hansen, An investigation of some of the parameters involved in solar distillation, Solar Energy 14 (1973), pp. 353-363

50- Sami Missaoui, Zied Driss, Romdhane Ben Slama e Bechir Chaouachi, Modelo validado experimentalmente de frigorífico doméstico com serpentina de condensador imersa para aquecimento de água, International Journal of Air-Conditioning and Refrigeration, https://doi.org/10.1142/S201013252150022X

51- I.P. Holman, Experimental Methods for Engineers, sexta ed., McGraw-Hill, York, 1994, 48. McGraw-Hill, Nova Iorque, 1994, 48.

52- Guia do utilizador do ANSYS Fluent; Versão 13.0

53- Salim Ibrahim Hasan et al. Estudo numérico do fluxo de refrigerante em CapillaryTubeUsingRefrigerant(R134a),https://www.researchgate.net/publication/322 086504. 27 de dezembro de 2017.

54- Missaoui Sami, Ben Slama Romdhane e Chaouachi Bechir, Optimum length of a condenser for a domestic refrigerator for water heating, Australian Journal of Basic and Applied Sciences, 13(7): 1-5.

55- Sami Missaoui, Zied Driss, Romdhane Ben Slama e Bechir Chaouachi, Análise numérica do aquecedor de água da bomba de calor com tubos helicoidais imersos, Journal of Energy Storage 39 (2021) 102547

56- Nannan Dai, Shuhong Li, Qiang Ye; "Análise de desempenho no processo de carga e descarga de um aquecedor de água com bomba de calor doméstico"; International Journal of Refrigeration 98 (2019) 266-273.

57- Wenzhe Li, PegaHrnjak (2018). Modelo validado experimentalmente de aquecedor de água com bomba de calor com um tanque de água em transientes de aquecimento. Jornal Internacional de Refrigeração (88), 420-431.

58- D.D. Wang, Research on temperature field and flow field in tank of ASHPWH, Instituto de Engenharia Civil e Arquitetura de Pequim, Doutoramento em Filosofia, 2006.

59- Jie JI, Huide FU, Hanfeng HE, Gang PEI; "Análise do desempenho de uma bomba de calor com fonte de ar utilizando um condensador de água imerso"; Front. Energia e potência Eng. China 2010, 4(2): 234-245

Apêndice 1

O código da variável de fluxo de calor em função do tempo para a UDF (User Defined Function) é definido do seguinte modo

```
#include "udf.h"
DEFINE_PROFILE (ramp_heat,thread,position)
{
flutuar t,calor;
face_t f;
t=RP_Get_Real ("flow-time");
calor= q(t)i = A.t³ + Bt² + C.t + D ;
begin_f_loop (f,thread)
{
F_PROFILE (f,rosca,posição) =heat;
}
end_f_loop (f,thread)
}
```

Apêndice 2

1. Publicações internacionais

• Sami Missaoui, Zied Driss, Romdhane Ben Slama e Bechir Chaouachi, Análise numérica do aquecedor de água da bomba de calor com tubos helicoidais imersos, Journal of Energy Storage 39 (2021) 102547

• Sami Missaoui, Zied Driss, Romdhane Ben Slama e Bechir Chaouachi, Modelo validado experimentalmente de frigorífico doméstico com serpentina de condensador imersa para aquecimento de água, International Journal of Air-Conditioning and Refrigeration, https://doi.org/10.1142/S201013252150022X

• Missaoui Sami, Ben Slama Romdhane e Chaouachi Bechir, Optimum length of a condenser for a domestic refrigerator for water heating, Australian Journal of Basic and Applied Sciences, 13(7): 1-5.

• Sami Missaoui, Zied Driss, Romdhane Ben Slama e Bechir Chaouachi, Experimental and numerical analysis of a helical coil heat exchanger for domestic refrigerator and water heating, International Journal of Refrigeration 2022.

• Sami Missaoui, Zied Driss, Romdhane Ben Slama e Bechir Chaouachi, Effects of pipe turns on vertical helically coiled tube heat exchangers for water heating in a household refrigerator, International Journal of Air-Conditioning and Refrigeration 2022.

• Sami Missaoui, Zied Driss, Romdhane Ben Slama e Bechir Chaouachi, Theoretical Analysis on a Household Heat Pump Water Heater With Immersed Condenser Coil, Chapter Book: Advances in the Modelling of Thermodynamic Systems (pp.236-252).

2. Comunicações nacionais e internacionais

• Missaoui S., Ben Slama R., Chaouachi B. Comprimento ideal de um condensador para frigorífico doméstico para aquecimento de água, Terceira Conferência Internacional sobre Avanços em Engenharia Mecânica, Industrial e Mecatrónica (ICAMIME 2019), 19-20 de abril de 2019, Tunis, Tunísia **[Apresentação oral]**.

• missaoui.S, Ben Slama .R, Chaouachi .B, Utilização do calor residual do frigorífico doméstico para aquecimento de água - uma análise experimental, A 6ª Conferência Internacional sobre Energia Verde e Engenharia Ambiental GEEE-2019, 27 - 29 de abril de 2019 - Tabarka, Tunísia **[Apresentação oral]**.

• Sami Missaoui , Romdhane Ben Slama , Bechir Chaouachi, Theoretical analysis on a household heat pump water heater with immersed condenser coil, First International Advanced Modeling of Thermodynamic Systems (AMTS2021, Online March,10- 11,2021 ISSAT Gabes **[Apresentação oral]**.

• Sami Missaoui, Romdhane Ben Slama, Bechir chaouachi , Recuperação de calor residual da bobina do condensador helicoidal do frigorífico doméstico e aplicações ,3rd Conferência Euro-Mediterrânica para a Integração Ambiental, 10-13 JUNHO 2021, Sousse, Tunísia. **[Apresentação oral]**.

• Sami Missaoui, Romdhane Ben Slama, Béchir Chaouachi, Dessalinização da água do mar utilizando o calor residual do condensador do ar condicionado, Encontro Internacional sobre Tecnologias Avançadas em Energia e Engenharia Elétrica, 28-29 de novembro de 2019 Tunes, Tunísia **[Apresentação oral]**

• Sami Missaoui, Zied Driss, Romdhane Ben Slama e Bechir Chaouachi, Numerical investigation of an air-source heat pump water heater with immersed helically coiled tube heat exchanger, International Conference on Mechanics and Energy (ICME'2021), 27-29 December, 2021, Sousse, TUNISIA **[Apresentação oral].**

-

Printed by Books on Demand GmbH, Norderstedt / Germany